わかばちゃんと学ぶ サーバー監視

湊川あい●著／粕谷大輔●監修

C&R研究所

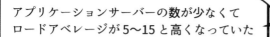
サーバー監視が
必要だな

アプリケーションサーバーの数が少なくて
ロードアベレージが5〜15と高くなっていた

CPUが処理しきれずに
実行待ちの行列に
並んでいるプロセスたち

ロードアベレージ：5

まだ〜？

処理
しきれないよ〜

私は昨晩からずっと、その異変に
気付けていなかったのだった…

サーバー監視!?

調べてみたら
サーバーを監視するための
サーバーを作る必要があるみたい…？

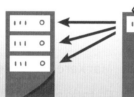

本サーバー　　　監視サーバー

って、これじゃ
監視サーバーを監視する
必要があるじゃん!?

監視対象が
増えてツライ!!

すぐ始めないといけないのに
スキルもお金もない！

どーすれば…

あるある問題

開発と兼任しているため
サーバー監視が
疎かになっている

リソース不足

! Warning

障害発生時に迅速に
対応できる体制が
構築できていない

わかばちゃん

監視って、なんか字面が
怖いんだけど！？

本　名	伊呂波（いろは）わかば
夢	Webデザイナーになること
性　格	マイペース・インドア派

Web業界に憧れる、マイペースな大学生。
盆栽とダジャレが趣味。

Webの勉強をしたくて入った「真央ゼミ」で、
おかしなメンバーに囲まれながら、
なんだかんだ力をつける。

卒業制作で作ったWebアプリに
アクセスが殺到して……？

こちらの書籍にも登場しています！

エルマスさん
ちゃんとした監視を
すれば、みんなにとって
もっといい世界になるの

真央ゼミの助手をしている
ミステリアスな少女。読書が趣味。

魔王教授
おっ、503エラーか！

本名は「真央 一（まお はじめ）」。
自称800歳。好きな飲み物はコーラ。

HTML　CSS　Java
Script　PHP

わかばちゃんの家に居候している謎の生命体。
彼女らの存在は、みんなには内緒。
わかばちゃんが困っていると、助言をくれる。

※詳しいプロフィールは『わかばちゃんと学ぶ　Webサイト制作の基本』
　に掲載しています！

 **はじめに**

🌱積ん読にならない、やさしい監視本ができました

- サーバー監視、いつかは勉強したほうがいいなと思いつつも、なんとなく難しそうだから敬遠していた……
- 監視ってシステム管理者に任せておけばいいと思ってたけど、最近そうではないらしい……
- そろそろ監視ツールを導入したいけど、どういう風に選べばいいかわからない
- っていうか「監視」っていう字面がなんか怖い!

そんなあなたに、漫画と挿絵がいっぱいの、ながめているだけで監視がわかるやさしい本を作りました。

インフラの前提知識がなくても大丈夫!

『わかばちゃんと学ぶ』シリーズでおなじみ「わかばちゃん」と一緒に、監視の世界へ飛び込もう!

●本書の内容についてのお問い合わせについて

この度はC&R研究所の書籍をお買いあげいただきましてありがとうございます。本書の内容に関するお問い合わせは、「書名」「該当するページ番号」「返信先」を必ず明記の上、C&R研究所のホームページ(http://www.c-r.com/)の右上の「お問い合わせ」をクリックし、専用フォームからお送りいただくか、FAXまたは郵送で次の宛先までお送りください。お電話でのお問い合わせや本書の内容と直接的に関係のない事柄に関するご質問にはお答えできませんので、あらかじめご了承ください。

〒950-3122 新潟県新潟市北区西名目所4083-6　株式会社 C&R研究所　編集部
FAX 025-258-2801
『わかばちゃんと学ぶ　サーバー監視』サポート係

CONTENTS

CHAPTER 1

そもそも監視って何？　なぜ必要なの？

CHAPTER 2

進化する監視 ― クラウド時代の監視とは

CONTENTS ···

CHAPTER 7

プラグインを活用しよう

CHAPTER 8

クラウド環境にMackerelを導入してみよう

SECTION 01 そもそもサーバー監視とは何か?

人間にたとえれば
監視は
**継続的で高速な
健康診断**だ

システムが正常に
稼働しているか
調べることを
health check って言うよね

健康診断？

たとえば
健康診断をしてみたら
健康に支障があるぐらい
体重が増えていたとする

このとき監視すべき
数値は何だと思う？

え？

体重を
監視するんじゃ
ないの

フリーに
考えて

ブブーッ

体重だけ
監視するよりも

体重の増減に関係する数値も
監視したほうが効果的だよ

1週間前より
＋1.8kg…

なぜかは
わからない

摂取カロリー

基礎代謝

消費カロリー

たしかに！
体重という数値は
ただの結果

その数値を作り出している
原因を分解して対策したほうが

体重 ─ 摂取カロリー
　　　 消費カロリー
　　　 基礎代謝
　　　 体脂肪率
　　　 筋肉量
　　　 ‥

より効果的な
ダイエットができる

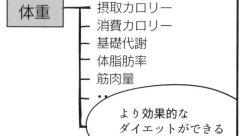

実際の監視でも
同じことが
言えるんだ

今回わかばちゃんの
サーバーが
落ちたのは
何が原因だった？

1
そもそも監視って何?
2
3
4
5
6
なぜ必要なの?
7
8
9
A

監視っていうのは、ただ数値を見て終わりじゃないんだ。**数値をヒントに、原因を探る**ことこそが本質だ。

ふむふむ。

なぜその数値になっているのか? その数値を作り出しているそもそもの原因は何か? 原因を突き止めたら、問題が起こりにくい環境を整える。

人間の健康診断もそうだよね。その数値を眺めて終わり、じゃなくてその数値を作り出す原因……つまり生活習慣を整えてあげるのが大切なんだ。

そうそう、その通り!

人間の健康診断は1年に1回だけど、システムの監視は1年に1回じゃ少なすぎるよね。システムの健康診断の理想的な頻度はどれくらいなの?

監視間隔は、どういう観点で監視するかで変わってくるよ。メトリクス[1]の監視は1分ごと、クラウドの死活監視は10分ごと、といった具合ね。
たとえば、1分に1回、HTTPステータスコードを外部から確認して、連続して200以外だと障害だと判断するよ。

へぇ、それなら毎秒チェックした方が障害に早く気づけていいんじゃない?

う〜ん。システムの負荷を考えると、一概に監視間隔を縮めればいい、というわけではないんだ。

それもそうか。

---

[1]：メトリクスとは、定期的に取得された、連続した数値データのこと(例：時系列で記録されたロードアベレージ、CPU使用率など)。

大事なのはこれらのデータが時系列で、**長期間記録されていくこと**。そしてただ記録するだけじゃなくて、貯めたデータを**いつでも見たいときに・見たい切り口で・社内のメンバーが確認できるようにしておくこと**！

さらっと言ってるけど、それ全部やるのめっちゃ大変じゃない？

ふふふ、監視がどれだけ奥が深いか、その入り口をわかってくれたみたいだね……！

さっきは"システムが正常に動いてれば、監視なんて必要ないよね"なんて言っちゃったけど、それって"体が動いていれば、健康診断なんて必要ないよね"っていうような、浅はかなものだったんだね……。監視は必要！　もっと知りたい！

なぜ監視が必要なのか

そもそもなぜ監視が必要なのでしょうか？　監視をしていないときとしているときを比べてみましょう。

- ✖ 監視をしていないとこんな問題が
  - ○「えっ、システム落ちてる!?」ユーザーからの問い合わせで発覚、場当たり的な対応に
  - ○ ネットショップやゲームアプリなどは、1日サーバーがダウンしているとそのぶんの売上が吹き飛ぶ（何百万単位）
  - ○ 過去のデータを貯めていないので、傾向と対策がわからない
  - ○ サーバーが落ちた原因はわからないまま。また同じ問題を繰り返す

- ○ 監視をしているとこんな世界に
  - ○ 異常があればすぐ気づけるので、ユーザーへ与える影響が少なくて済む
  - ○ 壊れる前に様子がおかしい、と気づけるので、夜中に叩き起こされたりすることが減って安眠できる!
  - ○ 売上が吹き飛ぶ、システムがダウンして業務が止まるなどの最悪の事態を回避しやすい
  - ○ 過去のデータを貯めているので、傾向と対策がわかる
  - ○ 数値をヒントにサーバーが落ちた原因を推測し、原因から解決できる

監視はコーディングにおけるテストコードと同じ使い方もできます。コードを書く ▸ テスト を動かす ▸ 既存機能が壊れていないことを確認できる という流れを作れるのです。「アプリケーションに新機能を追加する、ステージング環境にデプロイする、監視項目の傾向がちょっと悪化したぞ？　変なSQLクエリになってない?」という具合です。"毎日リリース"のような高速なデリバリーを安全にやるために、監視は非常に重要です。

監視が持つ4つの役割

監視が持つ4つの役割は次の通りです。

- 見える化
  - サーバーやネットワークなど、システムリソースの状態を可視化する
  - 社内のメンバーなら「いつでも・誰でも」ログやデータが見られるようにする
- 通知
  - インシデントが発生したときに即座に対応できるようにする
- 原因特定
  - 各種ログやデータを日頃から取得しておくことで、問題が起きたときに原因を切り分け、特定できる
- 予防
  - 過去のデータを蓄積することで、傾向を把握し、次回のトラブルを予防する

監視の本当の目的とは

　ありがちなのが、監視すること自体が目的になってしまうことでしょう。

　監視の目的とは何でしょうか。システムが安定して動くこと？　障害が起きたら即座に対応すること？

　どれも正解ですが、もっと大枠でとらえれば**サービスを通してユーザーに価値を届けること**だといえるでしょう。

　「私たちはユーザーに価値を届けられているのか？」これを継続的にチェックし、改善し続けることこそが監視です。

　監視は見るべき数値が多く、専門的なイメージがあるので、社内に特定の「監視役」を作りたくなってしまうかもしれません。しかし、サービスを通してユーザーに価値を届けるとなると、監視役 1人だけでそれが達成できるでしょうか？

　たとえば、プログラマなら、自分が書いたSQLのパフォーマンスはどうか、無駄なリダイレクトが大量発生していないかなど、自分が書いたソースコードを改善へ繋げるフィードバックを監視で得られます。ディレクターなら、ユーザーがストレスなくサービスを利用できているか定量的にチェックできますし、過去のデータも蓄積されていくので「毎年この時期はサーバーが不安定になるが、何か対策を打てないか？」「そろそろメモリがいっぱいになりそうなので、前もって予算を確保しておこう」といった予測も立てられます。

　もっと広い意味で監視を捉えるならば、フロントエンドのブラウザ上での表示速度や、ビジネスがうまくいっているかを表す指標「KPI」も日頃から監視すべき項目です。デザイナーももちろん貢献可能で、高画質すぎる画像がWebサイトの表示速度を遅くしてしまっていないか、使っていない画像がサーバーの容量を圧迫していないか、画像をより最適化できないかなど、監視をしていれば定量的なフィードバックがあるので効果の実感を得やすいです（実際、画像はWebページ全体の重さの平均21%を占めています）。さらにデザイナーなら、ただ作るだけではなく「意図したところへきちんとユーザーを導けているか」もチェックすることになるでしょう。Google Analyticsといったアクセス解析ツールも、広い意味では監視ツールといえます。

　監視を自分ごととしてとらえましょう。監視は一部の人のためのものではなく、全員に関係のある仕事なのです。

SECTION 04 サーバーが「重い・軽い」って どういうこと?

自分で作っといて なんだけど

このWebサイト 超重いんだよねぇ

Loading...

なかなか 表示されない…

重い・軽いって 具体的にどういうことか わかってる?

へ?

ピザください

クライアント リクエスト ネットワーク レスポンス

サーバー

サーバーソフトウェア ストレージ I/O CPU

リクエストを投げる(ピザを頼む)と すぐに返答がある(ピザが送られてくる) これが負荷が低い、 いわゆる軽い状態

なかなかピザが 届かないときが 重い状態ね

何が障害に なっているんだ〜?

道中の問題か

サーバーの 問題か…

Pizza

大きく分けると ネットワークの負荷とサーバーの負荷がある

お客さんに対応できずに
待ち行列が
のびてしまうだろうね

まだかな～

そのとおり

逆に
受付の人数は充分でも
厨房のリソースが
足りなければ

リクエストを
受け付けても
処理しきれなくなる

つまり
リソースがある限りは
リクエストを
受け付けた方が
いい反面、

必要以上のリクエストを
受け付けてしまうと
リソース不足で
これまた
遅くなっちゃうわけ

リソースが不足しているなら

どのプロセスが
メモリを
消費しているのか？

メモリ容量に
問題がないなら
CPUの問題では？

本当に性能の限界なら
サーバー増設やグレードアップ

リソースが余っているなら

余っているなら最大限に
活用したいよね

すると、サーバーソフトウェアの
設定を見直すことになるんだけど

いずれにせよ、まずは
リソースの現状を確認してみよう

$ vmstat コマンドで確認できるよ

29

皆さんも普段、サーバーが「重い・軽い」という言葉を耳にしたことがあると思います。「Webページがなかなか表示されなくて、重い」「新しいオンラインゲームのロード時間が速くて、軽い」などです。この「重い・軽い」というのは具体的にどういうことなのでしょうか?

1 そもそも監視って何? 2 3 4 5 6 なぜ必要なの? 7 8 9 A

🗂 リソースの現状を確認してみよう

それでは、実際にサーバーに負荷をかけ、`vmstat` というコマンドで様子を観察してみましょう。`vmstat` コマンドは、システム全体の負荷状況をリアルタイムで観察するのに適しています。テストできるサーバーを持っていない方もいると思うので、今回はDockerで仮想環境を作って実行してみることにします[2]。

❶ 次のコマンドを実行し、「myapp」コンテナを起動します。ここではサンプルとしてPHP7.4、WebサーバーソフトウェアはApacheで起動していますが、お好みのものでOKです。

```
$ docker run -d -p 80:80 --name myapp php:7.4-apache
```

❷ コンテナにログインします。

```
$ docker exec -it myapp bash
```

❸ コンテナにログインした状態で、vmstatコマンドを実行します。末尾に「1」をつけることで、1秒ごとに連続して実行します。

```
$ vmstat 1
```

❹ すると次のように表示されます。

```
procs -----------memory---------- ---swap-- -----io---- -system-- ------cpu-----
 r  b   swpd   free   buff  cache   si   so    bi    bo   in   cs us sy id wa st
 1  0      0 377348  45428 1311244    0    0     0     0  108  247  0  0 100  0  0
 0  0      0 377348  45428 1311244    0    0     0     0  118  247  0  0 100  0  0
 0  0      0 377348  45428 1311244    0    0     0     0  120  255  0  0 100  0  0
 0  0      0 377348  45428 1311244    0    0     0     0  111  244  0  0 100  0  0
```

[2]:Dockerを使うのが初めてな方は、『マンガでわかるDocker①』(https://booth.pm/ja/items/825879)、『マンガでわかるDocker②』(https://llminatoll.booth.pm/items/1036317)を読めば、「docker」コマンドの意味がわかるようになります!

何これ……まったくわからない。

各項目の意味がわかれば大丈夫だよ！ まず注目するのは「procs」（プロセス）！
「procs」は、**動作が重いな・軽いな**と感じる感覚を端的に表している項目なんだ。

ほうほう。

実は、Linuxは**時分割**という手法を使っている。あたかも同時並行で、複数のプロセスを処理しているように見せているんだよ。たとえば3つのプログラムA・B・Cがあったとする。CPUが1個しかないなら、本当は同時に1個のプログラムしか実行できないはず。

うんうん、そうだよね。

そこで、1個のプログラムを実行する時間をすごく短くして、A→B→C→A→B→C・・・とかわりばんこに処理することで、あたかも3つのプログラムが同時に処理されているように見せる。この処理を待っている行列を**実行キュー**と呼ぶんだ。
通常は、この実行キューに入ったプログラムはほとんど即時に処理されてキューから退出するんだけど、CPUが忙しいと、退出が追いつかず待ち行列ができてしまうんだよね。

へぇー。今どれくらい並んでるの？

ズバリ、その待ち行列が「procs」の「r」っていう項目に表示されてるんだ。通常は0〜2程度だよ。

今は1だね。1つのプログラムが行列に並んでる。

1
そもそも監視って何?　なぜ必要なの?
2
3
4
5
6
7
8
9
A

うん。この数値が大きいと…たとえば6とか8とかだと、利用者は**このサーバー重いな～**と感じることになる。

ところで「procs」の「b」はどういう数値なの?

「procs」の「b」は、実行中にもかかわらずディスクやネットワークなどのデータ読み書き（I/O）で待ち状態に入って、実際には実行できていないプロセスの数を表しているよ。これも通常は0～2程度だね。
で、この「procs」の「r」と「b」を足したものを**ロードアベレージ**と呼ぶんだ。

ロードアベレージ!　聞いたことある。

まとめると次の通りだよ。他の項目も合わせて見ておこう。

✍ vmstatで確認できる項目の意味

vmstatで確認できる項目の意味は次の通りです。

◆ procs

`procs` は「動作が重いな・軽いな」と感じる感覚を端的に表している項目です。

● r

ランタイム待ちのプロセス数。実行可能で「実行キュー」に入っているプロセスの数。通常は0～2程度。

● b

割り込み不可能なスリープ状態にあるプロセス数。ディスクのI/O完了待ち状態。通常は0～2程度。

◆ memory

`memory` はメモリの使用量などを表している項目です。

● swpd

仮想メモリの量(KB)。使用しているスワップ領域の量を表す。

● free

空きメモリの量(KB)。純粋に未使用状態なメモリの量を表す。

実は、空きメモリの量が少なくなっていても焦る必要はないんだ。というのも、空きメモリが増えると、サーバーはその分を後述のキャッシュにまわすから、この値がカツカツでも「メモリ不足! ヤバイ!」というわけでもないんだよ。

● buff

バッファに用いられているメモリの量(KB)。主にカーネルがバッファ領域として使用しているメモリ量を表す。

バッファとは、簡単に言うと**一時的にデータを溜めておく記憶場所**のこと。それほど大きくなることはないけれども、メモリ全体が逼迫してくると、サーバーはここの領域を削ってなんとかしのごうと頑張るよ。

● cache

キャッシュに用いられているメモリの量(KB)。

ここは放っておくと物凄く大きな値になるんだけど、特に問題ないよ。

なんで?

ここは、空いている領域を活用するために、使用頻度の高いデータを保存してるだけなんだ。メモリがパンパンになってくると、この領域のデータは捨てて、そのぶんのメモリをプログラムのために使うようになる。

ええっ!?　捨てちゃうの!?

うん、データっていってもただのキャッシュだからね。必要になれ
ばまたディスクから読み込めば平気だよ。

◆ swap

swap はスワップ領域に関する情報を表している項目です。

● si

スワップ・インの略。ディスクからスワップインされているメモリの量(KB/
s)。通常は0。スワップ(ディスク)→メモリの方向で展開したデータの量を
表す。

● so

スワップ・アウトの略。ディスクにスワップしているメモリの量(KB/s)。通
常は0。メモリ→スワップ(ディスク)の方向でスワップ領域に書き込んだデー
タの量を表す。

swap、つまり「入れ替える」という意味だよ。メモリが不足してく
ると、メモリ上にある不要データやプログラムをディスクに書き込
んで、メモリを空けようとする。で、そのデータやプログラムが必
要になったら、今度はディスクからメモリの上に戻して使うんだ。

ここが0以外になっている場合、どういうことが起きているの?

そのサーバにメモリが足りないか、メモリをバカ食いするプログラ
ムが多すぎるかのどちらかだね。

◆io

io はHDDからの読み込み、HDDへの書き込みを表している項目です。

●bi

HDDから読み込んだブロック数の秒間平均。

●bo

HDDへ書き込んだブロック数の秒間平均。

◆system

system はシステム情報を表している項目です。

●in

1秒あたりの割り込み回数。今まで処理していたことをいったんやめて他の処理を行った回数を表す。

●cs

1秒あたりのコンテキストスイッチの回数。「コンテキストスイッチ」とは「プログラムの実行切り替え」という意味。

前述の通り、CPUはすごく短い時間でプログラムを切り替えることであたかも並列処理をしているように見せかけている。この数値は、その切り替え回数を表しているんだ。それで、このコンテキストスイッチには、一定のロスが生じてしまう(これを「オーバーヘッド」っていうよ)。

csの数値が大きいと、頻繁にプログラムの切り替えが発生している……つまりロスが大きくなっているっていうのがわかるんだね。

◆ cpu

CPUはコンピュータの「脳」にあたる部分です。 `cpu` で見られる数値は、CPUが稼働している総時間に対するパーセンテージです。よって、次のすべての値を合計すると必ず100%となるはずです。

● us

カーネルコード以外の実行に使用した時間(%)。一般のプログラムが動いていた時間の割合を表す。

● sy

カーネルコードの実行に使用した時間(%)。カーネルコード(OS自身、またLinuxコールなどを呼び出されたなど)の処理のために費やした時間の割合を表す。

● id

アイドル時間(%)。完全にcpuが空いていた時間の割合を表す。

● wa

IO待ち時間(%)。データの入出力処理(ディスクへのアクセス、ネットワークへのアクセス)を試みたものの、結果的にデータを待っていた時間の割合を表す。

● st

steal(盗む・こっそり取る)の略。仮想環境における「盗まれた時間(%)」を表す。「仮想環境でプログラムを実行しているはずが、他のVMとCPUの取り合いになってしまい、実際は実行されていなかった」ということがある。それが起きた場合に、この数値が0より大きくなる。なぜst値をCPUの総時間に入れるかというと、そうしないと実際の物理CPUと計算が合わなくなるためである。

問題の切り分けをしてみよう

 さぁ、各項目の意味がわかった上でもう一度さっきのvmstatを見てごらん。

```
procs -----------memory---------- ---swap-- -----io---- -system-- ------cpu-----
 r  b   swpd   free   buff  cache   si   so    bi    bo   in   cs us sy id wa st
 1  0      0 377348  45428 1311244    0    0     0     0  108  247  0  0 100  0  0
 0  0      0 377348  45428 1311244    0    0     0     0  118  247  0  0 100  0  0
 0  0      0 377348  45428 1311244    0    0     0     0  120  255  0  0 100  0  0
 0  0      0 377348  45428 1311244    0    0     0     0  111  244  0  0 100  0  0
```

 わかる……わかるぞ! ロードアベレージは1で通常。CPUは、アイドル状態(id)が100パーセントでかなり余裕がある状態だね。

 じゃあ、ここから負荷をかけてみよう。ターミナル(Widowsではコマンドプロンプト)の別のタブを開いて、次のコマンドを打ち込もう。「y」という文字を延々と出力してただ捨てるだけのコマンドだよ。

```
$ yes >/tmp/yes.txt
```

 さて、vmstatはどうなっているかな?

```
procs -----------memory---------- ---swap-- -----io---- -system-- ------cpu-----
 r  b   swpd   free   buff  cache   si   so    bi    bo   in   cs us sy id wa st
 5  0      0 377652  45468 1311244    0    0    10     8   32   68  3  0 97  0  0
 0  0      0 377636  45468 1311244    0    0     0     0  129  306  0  0 100  0  0
 0  0      0 377636  45468 1311244    0    0     0     0  122  270  0  0 100  0  0
 0  0      0 377636  45468 1311244    0    0     0     0  124  256  0  0 100  0  0
 0  0      0 377636  45468 1311244    0    0     0     0  119  258  0  0 100  0  0
```

 「procs」の「r」が「5」になってる! ロードアベレージが高くなってる(汗)。

そうだね! さらに、「bi」と「bo」にも注目してみて! もともと0だったのが高くなってるね。大量の書き込みを行ったから、「io」の「bi」や「bo」が上昇したんだ。

ナルホド……! つまり、この場合はリソース(I/OやCPU)の中でも、I/Oに原因があるってわかったワケだ。

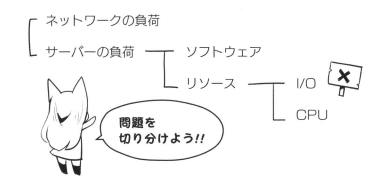

ネットワークの負荷

サーバーの負荷 ─┬─ ソフトウェア

└─ リソース ─┬─ I/O ✕

└─ CPU

問題を切り分けよう!!

その通り! 今回やったのはすごく基本的なことだけど、監視ツールうんぬんの前にこうしてチェックすることで"理由はわからないけど、なんとなく重い気がする"という状態から一歩踏み込んで、問題の切り分けができるんだよ。

あ、Control+Cでyesコマンドを止めるのも忘れないでね(笑)

それを早く言ってよ〜!

SECTION 05
ユーザー視点で監視する
～一番簡単な監視をやってみよう！～

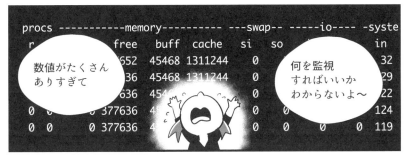

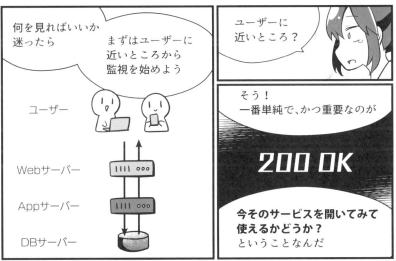

　HTTPステータスコードとは、Webページの状態を表す3桁の数字です。Webブラウザから確認する方法もありますが、今回はコマンドで確認してみましょう。

🖋 コマンドで確認してみる

次のコマンドで、HTTPステータスコードを見ることができます。

```
$ curl -LI [調べたいページのURL] -o /dev/null -w '%{http_code}\n' -s
```

🖋 代表的なステータスコードとその意味

代表的なステータスコードとその意味は次の通りです。

ステータスコード	意味	説明
200	リクエスト成功：OK	ブラウザで正しく閲覧できている状態。
403	禁止されている：Forbidden	アクセス権が付与されていないページにアクセスした時に表示される。
404	未検出：Not Found	存在しないURL。サーバーへ接続できたものの、サーバーが該当のページを見つけられなかった状態。もともと存在したページを削除した場合にも表示される。
500	サーバー内部エラー：Internal Server Error	サーバー内部にエラーが発生した場合に返される。サイトのソースコードに文法エラーが存在したり、運営者の設定に誤りがある場合に表示される。
503	サービス利用不可：Service Unavailable	過負荷やメンテナンスで、一時的にサービスが使用不可能な場合に表示される。

これが監視？　なんだか拍子抜けなんだけど……。

ユーザーにとって大事なのは"そのサービスが使えるかどうか"。実際に自分でサービスを開いてみて使える状態かどうか見てみるっていうのは大事なことだよ。

もっと今風でイケてる監視の話が聞きたい。

わかばちゃんはミーハーだな。じゃあ、**次世代の監視**の話をしようか。次の章に行ってみよう。

COLUMN ステータスコードの監視も重要な手がかりになる

　単純なステータスコードの監視であっても、それを断続的に取り続けることでわかることがあります。

　たとえば、普段だと404のエラーレートは0.001%程度のシステムがあったとします。それがデプロイ以降に10%に跳ね上がっているという状態の推移が明らかになった場合、ここから「どこかのページでリンク切れを起こしているかもしれない」といった推測を立てる手がかりになります。

　また、サーバーのアクセスログを監視していると「ほとんどのリクエストには200を返しているけど、100回に1回だけ500が出る」といったケースに出くわしたとします。アクセスが1分間に数回程度の開発環境では、この頻度のエラーはそれほど問題になりませんが、毎秒数千回のアクセスがある本番環境ではこの頻度のエラーは一大事です。

　ステータスコードの監視は、このように継続的な観測や、エラーの割合を考慮しながら監視するといいでしょう。

　次の図は監視ツール「Mackerel」で、ステータスコードごとの1分間のアクセス数を表したものです。リダイレクトやエラーが頻発していないか、手に取るようにわかります。

▼監視ツール「Mackerel」の例

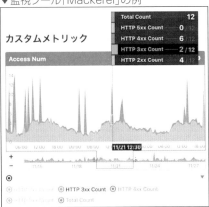

- HTTP 2xx Count:200番台、つまり、正常にリクエスト処理が成功した数
- HTTP 3xx Count:300番台、つまり、リダイレクト処理が行われた数
- HTTP 4xx Count:400番台、つまり、クライアント側のエラーが起こった数
- HTTP 5xx Count:500番台、つまり、サーバー側のエラーが起きた数

CHAPTER 1のまとめ

- 監視とは「継続的で高速な健康診断」
  - 見える化
    - ▷サーバーやネットワークなど、システムリソースの状態を可視化する
    - ▷社内のメンバーなら「いつでも・誰でも」ログやデータが見られるようにする
  - 通知
    - ▷インシデントが発生したときに即座に対応できるようにする
  - 原因特定
    - ▷各種ログやデータを日頃から取得しておくことで、問題が起きたときに原因を切り分け、特定できる
  - 予防
    - ▷過去のデータを蓄積することで、傾向を把握し、次回のトラブルを予防する

- 監視の目的
  - サービスを通してユーザーに価値を届けること

- サーバーが「重い・軽い」とは
  - サーバソフトウェア（受付の人）と、厨房(I/OやCPUといったリソース)の兼ね合いで変化する

- ユーザー視点で監視する
  - 一番簡単な監視は「今、ユーザーから見て、そのサービスが使えるかどうか?」ということ

CHAPTER 2

進化する監視
— クラウド時代の監視とは

:

あなたのサーバーは
ペット？　家畜？

さて、新しいもの好きのわかばちゃんのために**クラウド時代の監視**の話をしようか。

やったー！　ついにナウでヤングな監視の話が聞けるんだね。

わかばちゃんの語彙って時々古いよね……。

そんなことないと思うけど。

従来は、利用するサーバーの数は固定されているのが普通だった。

名前をつけて
かわいがる

おー
よしよし

今日も
元気だな

wasabi

pepper

ginger

調子の悪いサーバーがあれば
必死に看病して復活させる

wasabi～!!

どうしたんだ

今助けて
やるからな!

ゼェ
ゼェ

サーバーに個別の名前をつけて、ペットのように大切に管理する、
みたいな感じ。

気軽に増やしたり減らしたりはできないね。

ところが最近は、クラウド化によって物理的な制約がなくなった。
今までのようにサーバーを1台ずつ管理するのではなく、必要な
ときに必要なぶんだけインスタンスを作ったり捨てたりできるよう
になったんだ。

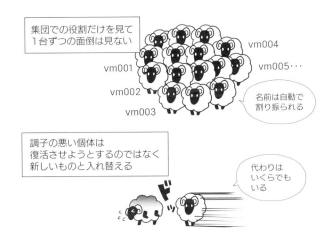

集団での役割だけを見て
1台ずつの面倒は見ない

vm001
vm002
vm003
vm004
vm005・・・

名前は自動で
割り振られる

調子の悪い個体は
復活させようとするのではなく
新しいものと入れ替える

代わりは
いくらでも
いる

1台1台名前をつけて監視していた時代から、役割ごとにまとめて
群れとしてサーバーを監視する時代になったんだ。
この変化は**Pets to Cattle**（ペットから家畜へ）って呼ばれて
るよ。

ヒエッ、的確なたとえだね。

わかばちゃんが扱っているサーバーは、ペットか家畜、どっちかな？

ん～？　どっちだろう？

2

進化する監視 ― クラウド時代の監視とは

簡単にわかる方法があるよ。今、わかばちゃんのサーバーが何台か止まったら、どういう事態が起きるか想像してみて。

え？

ユーザーに大きな混乱が起きるなら、そのサーバーは**ペット**だね。ユーザーが何も気付かずにサービスを使い続けられるなら、**家畜**を扱っているといえる。

あ、それなら私のサーバーはペットだな（笑）。

家畜の場合、スケールアップしたければ数を増やせばいいし、調子の悪いサーバーがあれば、なんとか復活させようとするのではなく、新しいものに入れ替える。

家畜を作っては捨てる時代か……。たしかに、最近流行ってるサーバーレスも、リクエストが来たときだけ起動して処理が実行されて、それ以外は動いてなかったりするよね。
お金がかかるのはリクエストが来て実行されたときだけだから、すっごく安くて助かるんだよね〜。スマートスピーカーのスキル開発に、Azure Functionsを使ったことがあるけど、私は1カ月10円ぐらいだったよ！

人間は結局、早くて安くて便利に弱いね。早い！　安い！　うまい！

こんなにサーバーの性質が変わったなら、監視もクラウドに最適化する必要性があるんだよね……？

そう、それが**クラウドを前提とした、クラウド時代の監視**！

✍ クラウド時代の監視の特徴

クラウド時代の監視の特徴は次の通りです。

- 監視対象を動的に構成
- オーケストレーションツールなどと連携し、監視対象を自動更新する
- 監視システム側では渡されたデータを使うようにし、個別対象の特定は不要

　たとえば従来は、利用するサーバーの数は固定されているのが普通で、気軽に増やしたり減らしたりはできませんでした。ところが最近では、クラウドの浸透により「リクエストが来たときだけ処理が実行される」「必要に応じてDockerコンテナが立ち上がり、数分後には消えている」といったフレキシブルな使われ方がされるようになりました。このような進化に合わせて、監視の方法も変化させていく必要があります。

　クラウド時代の監視にはいろいろな要素がありますが、その中でもマイクロサービス・アーキテクチャに焦点を当ててみましょう。また、前提知識として、従来型のモノリシック・アーキテクチャについても合わせて解説します。

2
進化する監視 — クラウド時代の監視とは

SECTION 08 モノリシック・アーキテクチャ

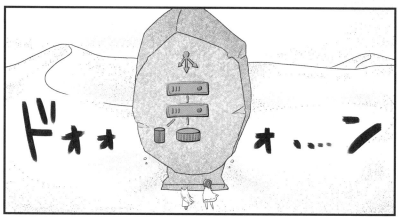

これは…？

モノリシック・
アーキテクチャ
だよ

モノリスっていうのは
ギリシャ語の

mono（単一の）
＋
lithos（石）

からできた単語

1枚岩
という意味だ

つまり1枚の岩のように、システム全体を
ひとつのアプリケーションとして
動かす構造のこと

・プロセス同士の結合が強い
・依存し合っている
・切り分け出来ないシステム

✍モノリシック・アーキテクチャは結合が強い

マイクロサービス・アーキテクチャの話に入る前に、従来型のモノリシック・アーキテクチャについて知っておきましょう。

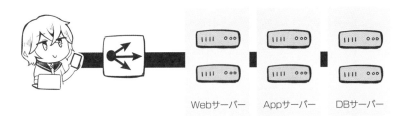

Webサーバー　　Appサーバー　　DBサーバー

モノリシック・アーキテクチャは次のような特徴があります。

- 切り分けできない1枚岩のシステム
- 結合が強い
- 依存しあっている
  - どれかが落ちると、サービス全体に致命的な影響を及ぼす

 モノリシック・アーキテクチャって、サーバー1台で動かしているシステムのことをいうのかと思ってた。

 うん、勘違いしがちだけどそれは違うよ。そのシステムが1台のサーバーだけで構成されていようが、3台のWebサーバー＋DBサーバー＋memcachedサーバーで構成されていようが、切り分けできない構造なら、そのアプリはモノリシックといえる。

 モノリシック・アーキテクチャなら、リクエストの追跡はやりやすそうだね。Web層から順に調査していけばいい。

 さて、これがマイクロサービス・アーキテクチャになると、どうなるかな？

2 進化する監視 ― クラウド時代の監視とは

マイクロサービス・アーキテクチャ

さっきのモノリシック・アーキテクチャだと、サーバーは深夜のアクセスが少ない時間帯もずっと動き続けている。たとえばAWSのEC2が起動しているとロードアベレージが0.1でも課金の対象になる。使っていなくてもお金を支払う必要があるんだ。
さらに、OSやミドルウェアの脆弱性が見つかったら、自分でパッチの適用やアップデートをしなきゃいけないし、オートスケールの設定、Webサーバー、アプリケーションサーバー、DBサーバー、メールサーバー、ログサーバーなど、いろいろ用意する必要がある。

それってサーバー代も人件費も結構な金額だよね……?

そこで注目を浴びているのが、サーバーレス型サービスや、それらを組み合わせて使うマイクロサービス・アーキテクチャだよ。

サーバーレスって最近よく聞くけど、サーバーがないってこと!?

ううん、サーバーレスっていっても、サーバーがないわけじゃないよ。実際のクラウドサービスはサーバー上で動いてるからね。

ええっ? じゃあサーバーはあるじゃない。

開発者がサーバーの存在を意識せずともアプリを開発できる。サーバー管理がいらない。そういう意味でサーバーレスといわれてるんだよ。サーバーレス以外にもクラウドサービスはあるけどね。

う〜ん、なんかイマイチ雲をつかむような話ねぇ。クラウドだけに。

PaaS、IaaS、FaaS 〜 インフラ用語を整理しよう

アハハ、ちょっとワケわかんなくなってきちゃったよね？　ここで、いったんインフラの形態を歴史順に整理しておこう。

◆ オンプレミス

 まずはご存知、オンプレミス。ひと昔前はクラウドサービスなんて存在しなくて、オンプレミスが主流だったんだ。自社でサーバー本体も組み立てて、自分で全部設定する。

 知ってる！　この前、pixivさんのオフィスにお邪魔したときに、創業初期の自作サーバーを見せてもらったよ。メタルラックに積んであった！

 おお、それはいいものを見たね！

[1]：イラストコミュニケーションサービス「pixiv」を運営するピクシブ株式会社（https://www.pixiv.co.jp/）のこと。

◆IaaS：インフラの提供

もうここからはクラウドサービスってことになるね。IaaSは、**Infrastructure as a Service**の略。つまりインフラをサービスとして提供している形式のことだ。2006年あたりから普及しはじめたといわれているよ。

ハードウェア、つまりサーバー本体は自分で用意する必要がなくて、クラウド上のものを借りれるわけね。でも、これって普通のレンタルサーバーと何が違うの？

一般的なレンタルサーバーでは、ハードウェアの構成は細かく指定できないよね。IaaSでは、CPUのスペック、OS、ストレージ容量、ファイアウォール、ロードバランサーといった項目を自由にカスタマイズできるんだ。

ほほぉ。そりゃ、クラウドサービスの中でもかなり自由度が高そうだね。

IaaSの例は次の通りです。

- Amazon Elastic Compute Cloud (EC2)
- Azure IaaS
- Google Compute Engine

◆ PaaS：プラットフォームの提供

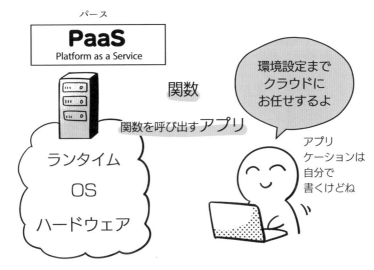

 PaaSは、**Platform as a Service**の略。IaaSがインフラのみ提供しているのに対して、PaaSはそれに加えてOSやミドルウェアまで提供しているよ。

 プログラムの動作環境までクラウド側で用意してくれるんだ。環境構築、苦手だからありがたいわ〜。

PaaSの例は次の通りです。

- Google App Engine
- IBM Cloud PaaS
- Firebase
- Heroku
- Kintone

◆ FaaS

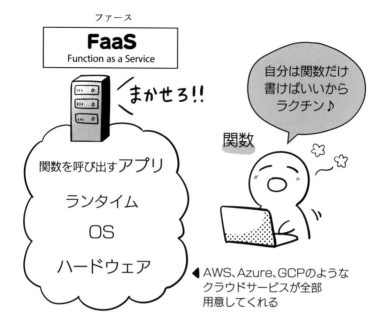

お次はFaaS。**Function as a Service**の略だよ。

わぁ、ほとんどクラウドに任せちゃったね！　エンジニアは、必要な処理をするコードを書くだけでいいんだ。

うん、メンテナンスやアップデートなど総合的なサーバ管理をまるっとお任せできちゃうんだ。その分、自由度はIaaSやPaaSには劣るけどね。
さらに、FaaSはリクエストが飛んできたときだけ起動して関数を実行するから、サーバーが起動している時間が短くてコストが低いという利点があるよ。

FaaSの例は次の通りです。

- Azure Functions
- AWS Lambda
- Google Cloud Platform の Cloud Functions

サーバーのアップデート、チューニングはクラウドサービスがやってくれる。だから、開発者はアプリを動かすのに必要なコードを書くことだけに集中できるってわけ。

ふむふむ。

そうして作られた**役割ごとに分割された小さなサービスを組み合わせた**のが**マイクロサービス・アーキテクチャ**だ。たとえばわかばちゃんは「マンガでわかるLINE Clova開発」[2]で、Azure Functionsを使ったことがあると思うけど、ああいう単一の処理をするものたちをぽこぽこ作って、それらの集合体で1つのサービスを形作るイメージだね。

なるほど〜。すごく良さそう!

Amazon、Netflix、Twitterといった大規模サービスも、マイクロサービス・アーキテクチャを採用しているよ。
……と、今までメリットしか言ってこなかったけど、当然デメリットもある。たくさんのサービスを連携するあまり、複雑なパズルみたいになってしまう。監視も今までの方法では通用しない。

進化する監視 ― クラウド時代の監視とは

マイクロサービス・アーキテクチャは疎結合

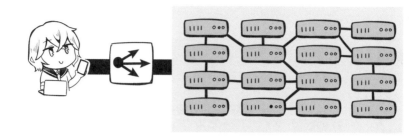

マイクロサービス・アーキテクチャは次のような特徴を持っています。

- 複数の独立した機能を組み合わせることで、1つのアプリケーションとして動かしている
- 疎結合
  - どれかの機能が止まっても、影響が局所的で済み、サービス全体が止まることはない

 これじゃ、どこから調査すればいいかわからない！

 そうだね、1つひとつのコンポーネントの中に入ってしらみつぶしにチェックしていくのは現実的じゃない。
といっても、実はこの図はかなり簡略化している。実際のマイクロサービス・アーキテクチャのコンポーネントを視覚化すると、こんな感じ！

▼実際のマイクロサービス・アーキテクチャ

出典:「10 companies that implemented the microservice architecture and paved the way for others」(https://divante.com/blog/10-companies-that-implemented-the-microservice-architecture-and-paved-the-way-for-others/)

 うぎゃー! こんなの、リクエストを追跡できるわけないでしょ! 実は、監視していないのでは?

 こらこら。監視してるに決まってるでしょ。**分散トレーシング**という方法があって、ユーザーのリクエストに対して個別のIDを割り振ることで追跡可能にするんだ。
なにはともあれ、従来とは異なるアプローチが必要になっている今、クラウドネイティブな監視が注目を浴びているんだ。

 はぁ〜、なんだか途方もないものを見せられちゃった。自分なんかがちゃんと監視できるのか、かなり自信なくなってきたんだけど……。

 大丈夫! いくら技術が進化しても、変わらない**監視の原則**があるの。

 そういう話を聞きたかった!

 というわけで次の章から、**あるある問題**と**解決するための考え方**に入っていこう。

CHAPTER 2のまとめ

- クラウドネイティブモニタリング
  - クラウド利用を前提として作られた監視システム
  - ペットから家畜へ
    - 1台1台名前をつけて監視していた時代から、役割ごとの群れとしてサーバーを監視する時代に

- モノリシック・アーキテクチャ
  - 結合が強い
  - 依存しあっている、切り分け出来ない1枚岩のシステム
  - 構造がシンプルなので、従来の方法で監視しやすい

- マイクロサービス・アーキテクチャ
  - 疎結合
  - 複数の機能を組み合わせた集合体のシステム
    - どこかのサービスが落ちても影響が局所的で済む
    - 構造が複雑になりがちなので、それに合わせて監視も進化する必要がある（クラウドネイティブモニタリング）

- モノリシックアーキテクチャとマイクロサービス・アーキテクチャ、どちらが優れているというわけではなく、サービスの目的に合ったものを選ぶとよい

CHAPTER 3

監視のあるある問題と、
解決するための考え方

監視のあるある問題

✕ 形だけ真似してツールを使ってしまう

とある南の島の集落

ブゥゥ　ゥゥ　ウン

うお～っ
なんだありゃ

あの鉄の鳥が
食料と水を
運んでくるのか

あの管制塔と滑走路を
真似して作れば
我々のところにも
来るんじゃね？

ひらめいた

自然素材の
滑走路もどき

木で作った
ヘッドホン

ココナツで
作ったラジオ

なかなか来ないな～
同じ形にしてる
はずなのに

当然である

カーゴ・カルト（積荷信仰）

実際にメラネシアを中心として
儀式として行われていたらしい

この辺

形を真似しただけなので
当然、飛行機はいつまでたっても
やってこない

これと同じように
成功した会社が使っている
ツールや手順を
形だけマネしてしまうことがある

「あの会社が
使っているから」
という理由だけで
ツールを安易に
決めちゃダメ
ってことね

　カーゴ・カルト・サイエンス（積荷科学）という言葉があります。科学のふりをした非科学という意味合いで使われます。

　漫画のように、形だけ真似ても、期待する飛行機はいつまでたってもやってきません。

　同様に、成功した会社やチームが使っているツールや手順を、形だけ自社に導入してしまうことがあります。それでは当然、失敗してしまいます。原因と結果が逆になってしまっているのです。

✗ チェックボックス監視をしてしまう

監視とは役割ではなくスキルです!

システムの構成に詳しくない人を無理に監視役に割り当てても、リストにチェックして終わりになってしまいます。

監視専門の役職を作るのではなく、開発・運用 全員が監視について知り、属人化させないようにしましょう。

✎✗ 壊れやすいシステムを監視で支えている

✎✗ アラートが狼少年化している

SECTION 12 これらの問題を解決するための考え方

　監視のあるある問題を挙げてみました。どこかで見たことのある光景かもしれませんね。

- ツールが形骸化している
  - NG例:「このツールは有名企業が使っている。これを使えば、我々も成功するに違いない」
- 監視は本来全員が持つべきスキルであるのに、役割化してしまう
  - NG例:「監視役は1人で十分だろう」「専門の役割を作って、その人だけに特化させた方がいいのでは?」
- 監視ツールが複雑すぎて、担当者以外は操作できない
- リストにチェックを入れているだけで、障害が起きたときの理由や対策がわからない
- メトリクスの取得頻度が少なすぎる(5分以上[1])
- 過去のログを保存していない
- 壊れやすいシステムを監視で支えている
- アラートが狼少年化している

このような問題を抱えないためにはどうすればいいのでしょう?
次のページから、解決策を漫画で見てみましょう。

---

[1]:監視の種類によっては、5分おきで充分なものもあります(外形監視など)。

監視サービスを部品化する

データ収集

まずは、監視対象の情報を集めたいですね。データ収集の方法は2種類あります。Pull型とPush型です。

◆ Pull型

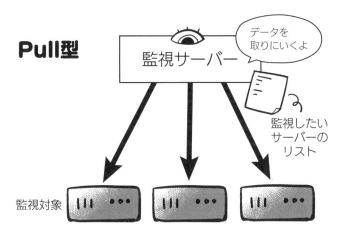

Pull型は次のようなデータ収集の方法です。

- 監視サーバーから、監視対象へ情報を**取りに行く**
- 監視サーバー側で設定ファイルを書く
- 監視対象にアクセスする権限を与えるために、ネットワークの設定が必要な場合がある

◆ Push型

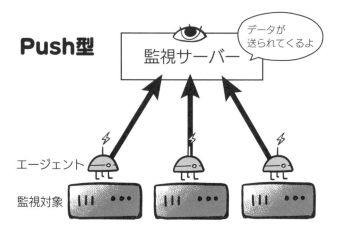

Push型は次のようなデータ収集の方法です。

● 監視対象から監視サーバーへ、情報が**送られてくる**ようにする

● 監視対象にエージェントをインストールすることで、監視対象が自発的に監視
用のデータを送信してくれるようになる

そうして収集したデータは、大きく2種類に分けられます。メトリクスとログ
です。

📝 メトリクス

メトリクスには2種類あります。カウンタとゲージです。

● カウンタ：増加していく値（例：Webサイトの累計訪問者数など）

● ゲージ：ある時点の値（例：ロードアベレージ、CPU利用率など）

ゲージは、一瞬だけの数値ではあまり意味を成しません。しかし、過去の
数値をデータストレージに蓄積しておくことで、時系列で推移をチェックでき、
傾向を分析できるようになります。

ログ

ログとは**システムの活動記録**です。

Linuxサーバーの中では、syslogデーモンという子が「いつなにが起きたか?」を箇条書きで記録していってくれています。ログの保存場所は「/var/log」の下であることがほとんどです。ここに、次から次へとログが大量に記述されていっているわけです。

このログをチェックすることで、「いつ・誰が」ログインして「どんな操作をしているか」を把握できます。さらに、外部からの不正アクセスがあった場合も、「いつ・どこに・どんな」アクセスがあったのかが記録として残るので、その情報をもとに対策しやすくなります。

ログがどういうものか、例を見てみましょう。

▼書式の例

日付 時刻 サーバー名(IPアドレス) メッセージ

▼ログの例

```
2020-08-20 14:00:50 db_server login: FAILED LOGIN SESSION FROM (null) FOR
wakaba,Authentication failure
```

　このように、情報が1行にまとめて書かれているものを非構造化ログといいます。

　内容を読み取ってみましょう。「2020年8月20日 14時 00分 50秒に」「データベースサーバーにて」「wakabaというユーザーがログインしようとしたが、認証に失敗した」ということが読み取れます。

　この例ではまだ読みやすいですが、1行あたりの情報が多くなってくると読みにくくなってきます。その場合、JSON形式の構造化ログに変換して使うこともあります。

　JSON形式は、改行されているのに加えて、値が何を表しているのかがわかりやすいというメリットがあります。必ずしも構造化ログにする必要はなく、自分たちがパースしやすい形式を選びましょう。

　もちろんコマンドラインでも確認できますが、監視ツールでログを分析したり、ログに特定の文字列が現れたときにアラートを出すことも可能です。

▼監視ツール「Mackerel」のログ監視用プラグイン「check-log」設定の例

```
[plugin.checks.access_log]
command = ["check-log", "--file", "/var/log/access.log", "--pattern", "FATAL"]
```

　この例では、ログファイルに"FATAL"（致命的）という文字列が出現したときにアラートが発生するようにしています。

可視化

　集めたデータをグラフにして、わかりやすく表現します。とはいえ、なんでもかんでもグラフにしてしまうと、メンバーに必要でない項目もチェックさせてしまい、時間の無駄になってしまいます。本当に見たいデータを取捨選択しましょう。また、グラフ表現の吟味も重要です。「その指標は折れ線グラフにすべきか」「それとも積み上げグラフか」「現在の数値のみの表示でも事足りるかもしれない」といった具合です。

▼ロードアベレージの推移を見るには、折れ線グラフがわかりやすい

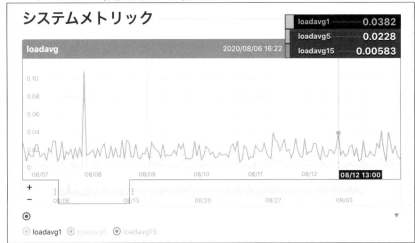

▼ステータスコード別のアクセス数を見るには、積み上げグラフがわかりやすい

3

監視のあるある問題と、解決するための考え方

▼パーセンテージでの積み上げは、割合の推移だけを見たいときに適している

📝 分析レポート

　監視を実施して、アラートが発生していないからといって安心できるとは限りません。たとえば、CPU利用率が80%でアラートが鳴るように設定していて、アラートはまだ発生していない。しかし「とある機能をリリースしてから、普段20%くらいのサーバーが40%まで増えている」といった場合です。他のメトリックも同様に傾向が変化しており、詳しく調べてみると「実は、非効率なクエリが新しいリリースに含まれていた」とわかることがあります。

　このように、プロダクトが安定した状態なのかどうかを、アラート以外の方法で気づくために、分析やレポートも重要です。

📝 アラート

　より良いアラートを作るのは、実はなかなか難しいです。たとえば「CPUの利用率が30%を超えたらアラートを送る」というように設定した場合、システムのメトリクスは変動が激しいので、しょっちゅうアラートが送られてくるようになってしまいます。

　では、一定期間の値を平均したものを1つの値とし、その数値を監視するのはどうでしょうか？　平均化しすぎると、今度は情報の精度が犠牲になってしまいます。

　どうしたらより良いアラートにできるかについては、次の「アラートを改善する」で取り扱います。

✍ アラートを改善する

 アラートの**ログ**は取っているかな？

 ログ？　メールを1つずつ開けば見られるけど……？

 それじゃ日が暮れちゃうでしょ。そんなことだと思ってスプレッドシートにレポート内容が自動で溜まるようにしておいたよ。

 ありがとう、見てみるね。
ふむふむ……。"夜間バックアップ失敗"、このアラートは即対応が必要なものでもないし、Slackに投稿するだけでいいかも。あと、CPU利用率のアラートの閾値が低すぎる気がするから、先輩に聞きながら調整してみようかな。

71

そうそう、その調子。他に、アラートの中で対応を自動化できそうなものはないかな?

というと?

たとえばオートスケールで、サーバーが死んでも勝手に立ち上がるようにするとかね。今すぐ自動化が難しくても、たとえばアラートメッセージのなかに手順書を書いておくと、そのとき担当の人が対応しやすくなる。
工夫することで、アラートはより良いものにできるんだよ。

　人間の注意力には限界があります。アラートが多すぎると、メンバーの精神は磨耗し、アラートは無視されがちに……。今あなたのもとに送られてきているアラートは、全部誰かがアクションする必要があるものでしょうか?　アラートを今一度ブラッシュアップしてみましょう。

　そのためには、過去のアラートのログを一覧で作り、傾向を把握するところから始めます。たとえば「夜間バックアップ失敗」というアラートは即対応が必要なものではありませんね。ならば、SMS通知はせずに、Slackに投稿するだけでいいかもしれません。また、CPU利用率のアラートの閾値が低すぎて、大して支障のないちょっとした変化でもアラートが飛んでくるようなら、メンバーに相談しながら調整してみるのがいいでしょう。

　他にも工夫できるところを探してみましょう。たとえば自動化。サーバーが死んでも勝手に立ち上がるように自動化すれば、今までのようにコマンドでサーバーに直接ログインして立ち上げ直すといった手間が省けます。また、自分しか対応できなかったエラーも、アラートメッセージの中に手順書のリンクをつけておくことで、自分以外のエンジニアも対応できるようにするというアイデアもあります。

　本来対応が必要なアラートだけに集中することができ、無駄に起こされる頻度も減って、一石二鳥。創意工夫に溢れたアラートは、みんなが幸せになる第一歩です。

✍ いつでも・誰でも見たい数値を確認できるようにする

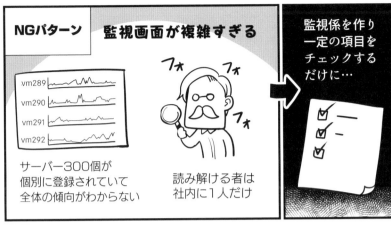

　先ほどのあるある問題の中で、ただ項目をチェックするだけのチェックボックス監視には意味がないことがわかりました。

　なぜ、チェックボックス監視が生まれるのでしょうか？　それはズバリ「監視画面が複雑すぎて、専門の担当者を作らないといけない」からでしょう。

　自発的にサーバーの状態を見に行かない。だから、毎日決まった項目を見るように義務化するしかない。1人だけで監視をしていれば、他のエンジニアと問題を共有してディスカッションすることもできません。もちろん、デザイナーやディレクター、経営陣にも、過去〜現在のサーバー状態を共有しにくくなります。

　監視を嫌々やる……それって楽しくないですよね。監視画面がシンプルでわかりやすく、サービス全体の様子が、いつでも・誰でも簡単に確認できるなら、これらの問題は解決します。さらに、監視を属人化させないため、開発エンジニアが持ち回りで監視当番をやっている会社もあります。

　また、他のエンジニアから「別の数値も監視で見られるようにしてほしい」といった要望が出ることもあるでしょう。そういったときにすぐに対応できるよう、カスタマイズ性の高いツールを選んでおくことも大切です。

　「いつでも・誰でも見たい数値を確認できる」「眺めていて楽しい」と感じれば、皆が監視に興味を持つことになります。それはそのまま、サービスの安定とさらなる改善・発展へ繋がります。

CHAPTER 3のまとめ

- 監視のあるある問題
  - ツールが形骸化している
  - 監視は本来全員が持つべきスキルであるのに、役割化してしまう
  - 監視ツールが複雑すぎて、担当者以外は操作できない
  - リストにチェックを入れているだけで、障害が起きたときの理由や対策がわからない
  - メトリクスの取得頻度が少なすぎる
  - 過去のログを保存していないので、傾向がわからない
  - 壊れやすいシステムを監視で支えている
  - アラートが狼少年化している

- 解決するための考え方
  - 監視サービスを部品化する
  - アラートを改善する
  - いつでも・誰でも見たい数値を確認できるようにする

CHAPTER 4

統計の基本を学ぼう

統計の基本を押さえた上で監視を始めよう

監視をするにあたって「いつでも・誰でも見たい数値が確認できる」ことが大事だとわかりました。そのような状態を実現するには、統計学を使って膨大なデータを適切な方法で処理する必要があります。

監視ツールを自分で作る場合は、統計学は必須の知識です。既存の監視ツールを使うにしても「なぜこのようなグラフになっているかわからない」というブラックボックスのまま見ているのは好ましくありません。

この章では、最低限の統計の基本を、漫画で解説します。

 統計学って、具体的にはどんなものを学ぶの？　私、文系だけど大丈夫かな？

 今から学ぶ考え方は次の通りだ。

- 算術平均(mean)
- 移動平均(moving average)
- 中央値(median)
- パーセンタイル値(percentile)
- 標準偏差(standard deviation)

 うわっ、全然わからない!

 大丈夫!　この章の漫画を読み終わったら、それぞれ何がどう違うかすっかり理解できるぞ!

算術平均と移動平均

う～～ん…

どうしたんだね
わかば君

1分ごとのロードアベレージを
表にまとめてみたんだけど

ながめていても
よくわからなくて…

	ロードアベレージ
0:01	5
0:02	7
0:03	6
0:04	14
0:05	6
⋮	⋮

このままでは
何もわかるまい

統計学を使えば
こういったデータの羅列から
特徴や傾向を見つけ出せるがな

統計学!?

むずかしそう…

とりあえず
折れ線グラフに
してみればいいんじゃね？

テキトーかよ

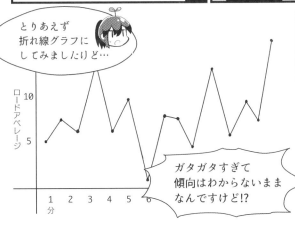

とりあえず
折れ線グラフに
してみましたけど…

ロードアベレージ

10

5

1 2 3 4 5 6
分

ガタガタすぎて
傾向はわからないまま
なんですけど!?

そうなるだろうと
思ったよ

私なら
次のようにする

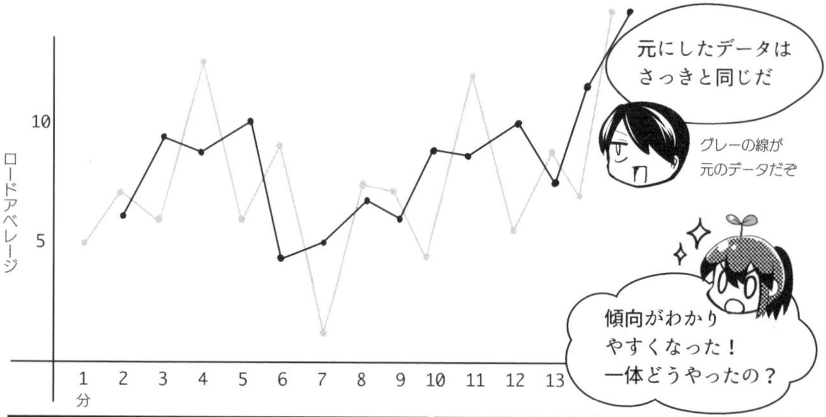

元にしたデータは
さっきと同じだ

グレーの線が
元のデータだぞ

傾向がわかり
やすくなった！
一体どうやったの？

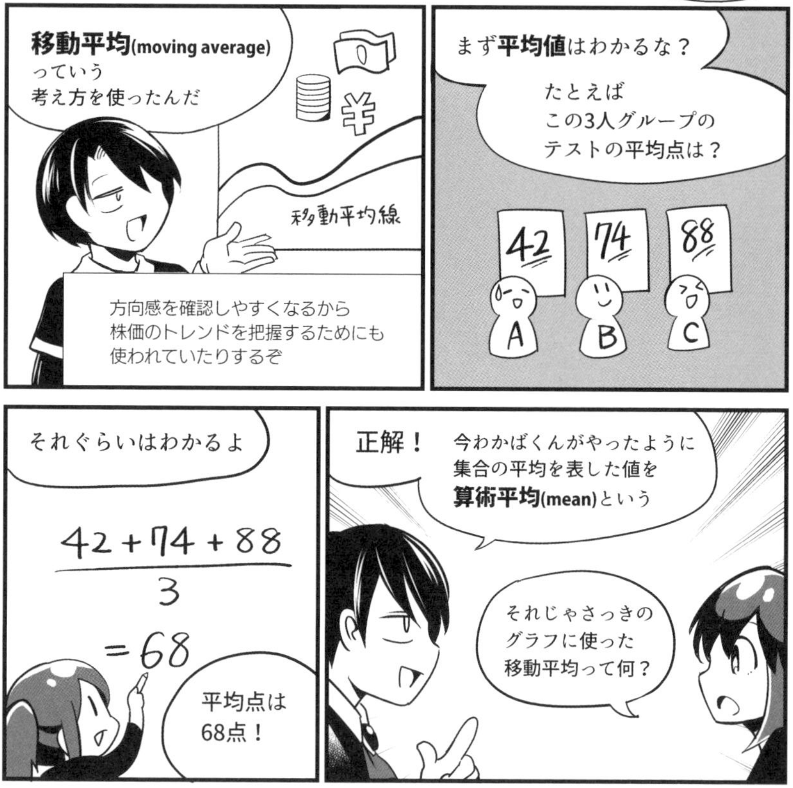

移動平均(moving average)
っていう
考え方を使ったんだ

移動平均線

方向感を確認しやすくなるから
株価のトレンドを把握するためにも
使われていたりするぞ

まず**平均値**はわかるな？

たとえば
この3人グループの
テストの平均点は？

42

74

88

A

B

C

それぐらいはわかるよ

$$\frac{42+74+88}{3}$$

$$=68$$

平均点は
68点！

正解！　今わかばくんがやったように
集合の平均を表した値を
算術平均(mean)という

それじゃさっきの
グラフに使った
移動平均って何？

連続した値を適当な箇所で区切って
平均化したものが移動平均だ

今回は3分間で
区切ってみるぞ

次に0:03の値も
出してみよう

	ロードアベレージ
0:01	5
0:02	7
0:03	6
0:04	14
0:05	6
⋮	⋮

→ 6

1分・2分・3分の平均を
0:02に入れる

	ロードアベレージ
0:01	5
0:02	7
0:03	6
0:04	14
0:05	6
⋮	⋮

→ 9

2分・3分・4分の平均を
0:03に入れる

そうしてできたグラフが
さっきのものだ

ちなみに
移動平均の幅を増やすと
グラフはどうなるかと
いうと…

3分間

5分間

7分間

おぉ〜
どんどん
なめらかに
なってく〜!!

4
統計の基本を学ぼう

これを
平滑化（へいかつか）という

なるほど
平滑化…

できた!!

俺が考えた
最強の移動平均

1時間の
移動平均に
してみた!

ドヤッ

のペ〜

平滑化
しすぎィ

平滑化すると見やすくなるけど
代償として正確性を失う

平滑化しすぎると
重要なデータポイントを
見落としてしまう
可能性があるわけだ

外れ値

適度な平滑化が
大切ってこと
ですね…!

平滑化

算術平均と移動平均のまとめ

算術平均と移動平均のまとめは、次のようになります。

- 算術平均(mean)
  - 集合のすべての値を足して、集合の要素数で割った値。
  - その集合がどのようなものかを表すことができる(例：テストの平均点)。
- 移動平均(moving average)
  - 最近取得したデータポイント群で平均を計算した値。
  - デコボコの多いグラフをなめらかにして、傾向を把握しやすくなる。
  - 平滑化しすぎると重要なデータポイントを見落としてしまう可能性があるので注意。

実際に監視の中では、ロードアベレージの算出にmoving average が使われているぞ。

次のグラフは、監視ツール「Mackerel」で、ロードアベレージを表したものです。

▼ロードアベレージの例

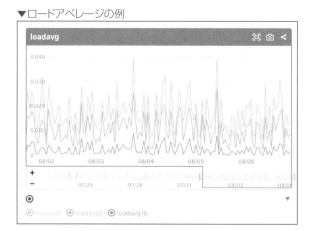

このグラフの内容は次のようになります。

- ロードアベレージは、実行待ちのプロセスの数(procs r)と、I/O待ちのプロセスの数(procs b)を足したもの。
- 色分けされているloadavg1、loadavg5、loadavg15は、それぞれ「1分間の平均値」「5分間の平均値」「15分間の平均値」。

中央値

85

村の貯蓄額の**中央値**は
宝くじを当てる前も・後も
どちらも500万円だ

これなら感覚として
納得できる数字だろう

中央値
▼

500万　500万　500万　500万　1億

中央値って
どうやって
求めるの？

データの数が奇数の場合

1　10　⑫　13　28
中央値

データの数が偶数の場合

1　10　(12　13)　28　34
足して2で割ると
中央値

データを小さな順に並べたとき
真ん中にくる値が中央値だ

カンタン
だね

平均貯蓄額は
一部の大金持ちが
引き上げているのさ

中央値を求めた方が
より庶民的な数値に
なるんじゃないかな

※実は実家が大富豪

📝 中央値のまとめ

中央値のまとめは、次のようになります。

● 中央値（median）

○ データを大きい順に並べたとき, 真ん中の値を中央値という。

○ データの数が偶数のときは「真ん中の値」が2つに存在するので、それらを足して2で割ったものを中央値とする。

○ 異様に大きかったり小さかったりするデータがある場合、平均よりも中央値を求める方が妥当である。

パーセンタイル値

さっき
お客さんから
ロールケーキを
もらったんだけど

わかばちゃんも
どう？

わぁ、いいの!?
いただきまーす

せっかくなので
パーセンタイルについても
話しておこう

中央値は
50パーセンタイル値とも
呼べるんだ

ほ〜ん？

さっきは中央値しか教えなかったけど
実はもっと細かく
分けることができる

そんなにうすく
スライスしなくても!!

1 2 3 4 5 6 7 ・・・・・・・・・・・・・・・・・・ 98 99 100パーセンタイル

「percent」という言葉が入っていることからもわかるとおり
「そのデータポイントが下から何パーセント目にあたるか」ということを表すんだ

4
統計の基本を学ぼう

もちろん、データセットが
必ずしも100個である
必要はない

1000個でも
10000個でもいいぞ

パーセンタイル
ってどういう
場面で使われて
いるの？

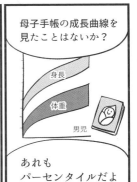

母子手帳の成長曲線を
見たことはないか？

あれも
パーセンタイルだよ

同じ日に生まれた同じ性別の子どもが
100人集まったとして、我が子は何番目になるのか？
その目安をパーセンタイルで表しているのさ

2パーセンタイル
=前から2番目。
かなり背が低い

55パーセンタイル
=前から55番目。
普通より少し背が高い

96パーセンタイル
=前から96番目。
かなり背が高い

もちろん
サーバー監視でも
使われているぞ

次のような
データポイントが
10個あるとする

（例）Webサーバーへリクエストを発してから
結果が返ってくるまでの遅延時間

2.0　2.2　3.5　3.8　4.1　4.5　6.7　7.5　8.0　13.0
（ミリ秒）

このときの
90パーセンタイル値は？

8.0ミリ秒！

正解

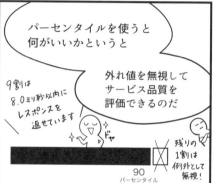

パーセンタイルを使うと
何がいいかというと

外れ値を無視して
サービス品質を
評価できるのだ

9割は
8.0ミリ秒以内に
レスポンスを
返せています

残りの
1割は
例外として
無視！

90
パーセンタイル

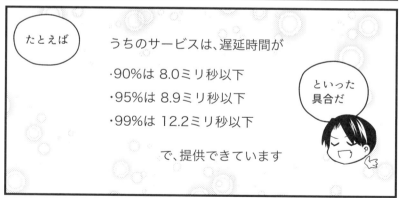

たとえば

うちのサービスは、遅延時間が

・90%は 8.0ミリ秒以下

・95%は 8.9ミリ秒以下

・99%は 12.2ミリ秒以下

で、提供できています

といった
具合だ

4
統計の基本を学ぼう

✏️ パーセンタイル値のまとめ

パーセンタイル値のまとめは、次のようになります。

- パーセンタイル値(percentile)
  - データの個数に着目し、パーセントで順位を表す値。
  - 外れ値を無視してサービス品質を評価できる。突発的なイレギュラーに踊らされず、大局を見られる。
  - 残りの値を捨てているので、最大値が高すぎる場合も加味して考えた方がよい。

実際の監視では、パーセンタイルを使うことで、応答時間（遅延）をサービス品質の指標にすることができるぞ。

ちなみに応答時間（遅延）のことは**レイテンシ**とも呼ばれているわ。

　次のグラフは、監視ツール「Mackerel」で、レイテンシをパーセンタイルで表したものです。

▼レイテンシをパーセンタイルで表示した例

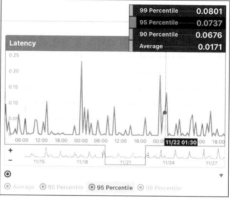

　このグラフの内容は次のようになります。

- Average：1分間にあったアクセスのレイテンシの平均値。
- 90 Percentile：1分間にあったアクセスのレイテンシの、90パーセンタイル値。
- 95 Percentile：1分間にあったアクセスのレイテンシの、95パーセンタイル値。
- 99 Percentile：1分間にあったアクセスのレイテンシの、99パーセンタイル値。

さっき漫画でやったからわかりやすい！

SECTION 18 標準偏差

学園祭当日

あれ〜!?
開けてみたら

大きさに
バラつきありすぎ!!

こんなにサイズが
ちがうのに
全部300円？

私の小さすぎる!!
交換してよ

うう〜〜〜
こんなハズじゃ…

こっちは
粒ぞろいよ
ほとんど100g

シャ

同じ300円なら
こっちのお店で
買おうっと！

ぐぬぅ

そう！

標準偏差というのは
データの散らばり
具合が大きいほど
大きくなるんだ

全部が120gだったら
標準偏差は0だな

標準偏差を求める式はこうだ

$$\frac{（りんご1つずつの重さ－平均）の合計}{りんごの個数}$$

こうして計算した結果が、
八百屋さんで見た
「標準偏差40.4」だったわけか

失敗したわ

ボソ

失敗したも何も
高校の数学で
習ってるはずだが

高校から

やり直し
たらどうだ？

いい汗
かいた

ところで、これも
サーバー監視に
関係あるの？

ボロ

いや…

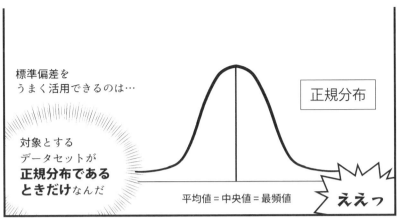

標準偏差を
うまく活用できるのは…

正規分布

対象とする
データセットが
**正規分布である
ときだけ**なんだ

平均値＝中央値＝最頻値

ええっ

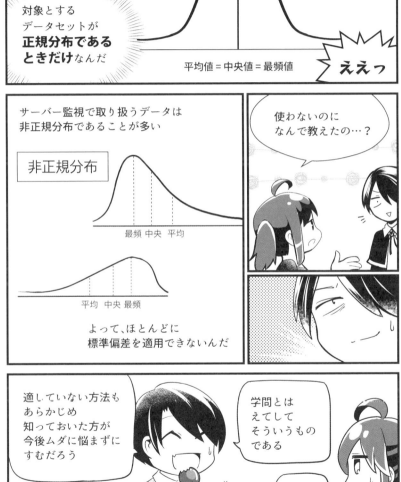

サーバー監視で取り扱うデータは
非正規分布であることが多い

非正規分布

最頻　中央　平均

平均　中央　最頻

よって、ほとんどに
標準偏差を適用できないんだ

使わないのに
なんで教えたの…？

適していない方法も
あらかじめ
知っておいた方が
今後ムダに悩まずに
すむだろう

バリ　バリ

学問とは
えてして
そういうもの
である

・・・

4

統計の基本を学ぼう

📝 標準偏差のまとめ

標準偏差のまとめは、次のようになります。

- 標準偏差（standard deviation）
  - 分散を平方根にとることによって求められる値。
  - データや確率変数の散らばり具合を表すことができる。
  - 非正規分布には標準偏差を適用できない。平均値より上と下のパーセンテージについて正確に語ることができなくなるためである。

4
統計の基本を学ぼう

CHAPTER 4のまとめ

- 算術平均(mean)
  - 集合のすべての値を足して、集合の要素数で割った値
- 移動平均(moving average)
  - 最近取得したデータポイント群で平均を計算した値
- 中央値(median)
  - データを大きい順に並べたとき,真ん中にある値
- パーセンタイル値(percentile)
  - データの個数に着目し、パーセントで順位を表す値
- 標準偏差(standard deviation)
  - 分散を平方根にとることによって求められる値

CHAPTER 5

監視ツールの
選び方

監視ツールは自分で作るべき?
既存のツールを使うべき?

　今までのCHAPTER 1〜4で「監視とは何か」「クラウド時代の監視」「監視の原則」「統計学の基本」にふれてきました。

　「いよいよプロダクトに監視ツールを導入したい!」となったとき、監視ツールは自分で作るべきでしょうか?　それとも出来合いの、既存のツールを使うべきでしょうか?　一概には言えませんが、既存のツールを使ったほうがトータルでのコストは安くつくことが多いでしょう。

　監視ツールをいちから自分で作るとなると、メンテナンスが大変ですし、「監視用のサーバーを監視する」といった状況になりかねません。これでは本当に集中したいはずのメインのプロダクトへ割く時間が減ってしまいます。特に、スタートアップでスピード感が求められるような場合は、既存ツールの中から自分たちに合う要素を持つものを選ぶのが賢明でしょう。

いろいろな監視ツール

ひとくちに監視ツールといっても、OSSのものから企業が提供しているものまで、たくさんのツールが存在します。代表的な監視ツールを、監視画面とともに見てみましょう。

 Nagios（ナギオス）

Nagiosは2002年から開発され続けている、歴史あるオープンソースの監視ツールです。

● Nagiosの公式サイト

URL https://www.nagios.com/

▼Nagiosの画面

基本機能は、Pingでの「死活チェック」と、サーバーにアクセスして稼働状況を監視する「アクティブ・チェック」のみですが、用意されているプラグインが豊富なため、機能を拡張しやすいという特徴があります。Linuxサーバーのリソース（CPU負荷、ハードディスク使用量、システムログ）はもちろん、ネットワークサービスの監視、Microsoft WindowsなどのOSも監視可能です。

項目	Nagiosの特徴
思想	歴史ある監視ツールで豊富なプラグインが強み
リリース	2002年
タイプ	Pull型
日本語対応	非対応。有志による日本語化パッチあり
グラフの見やすさ	玄人向けで慣れが必要
学習コスト	中程度。歴史が長いぶん日本語の解説記事が多くある
管理コスト	中程度。自力での監視サーバー自体の構築・運用が必要。インストール後はテキストファイルで設定を行う
自由度	高い。歴史が長いぶんプラグインが豊富で、やりたいことをカバーしやすい
料金	無料(オープンソース)

Zabbix(ザビックス)

　Zabbixは、「All in One」という設計思想を掲げる、オープンソースの統合監視ツールです。ラトビアのとある銀行の社内システム監視ツールとして開発されたのが始まりです。

● Zabbixの公式サイト

　　URL https://www.zabbix.com/

▼Zabbixの画面

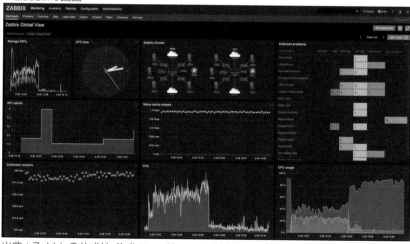

出典：Zabbixの公式サイト(https://www.zabbix.com/)

監視・通知・グラフ・イベント管理など、さまざまな機能がオールインワンで入っています。そのため、別途オプションツールをインストールするといったカスタマイズをする必要がありません。

また、監視対象が幅広いのも特徴です。Windows、Red Hat Enterprise Linux、商用UNIX（Solaris、AIX、HP-UX）や、SNMP、TCP、ICMP経由、IPMI、SSH、telnetを利用した監視もサポートされています。

監視設定をテンプレート化できるので、設定作業の運用コストを削減できます。国内でも業種を問わず多くの利用事例があるので、解説記事を探しやすいというメリットがあります。

項目	Zabbixの特徴
思想	All in One
リリース	2004年
タイプ	Pull型
日本語対応	対応。翻訳されたドキュメントがあり、ツールも日本語表記にすることができる。日本語テクニカルサポートあり
グラフの見やすさ	スクリーンと呼ばれる監視グラフの作成に馴れが必要
学習コスト	中程度。国内での利用事例が多く、日本Zabbixユーザー会などのコミュニティもある
管理コスト	中程度。自力での監視サーバー自体の構築・運用が必要
自由度	中程度
料金	無料（オープンソース）

🐕 Datadog（データドッグ）

Datadogは、クラウド時代のSass型サーバー監視サービスです。オートスケーリングや仮想コンテナなどの、コンポーネントの数が変動しやすいシステムの監視が得意です。2010年に設立されたニューヨークの会社、Datadog社が提供しています。

● **Datadogの公式サイト**

`URL` https://www.datadoghq.com/

5
監視ツールの選び方

▼Datadogの画面

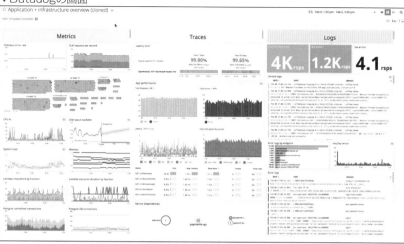

出典：Datadogの公式サイト（https://www.datadoghq.com/）

　AWSやMicrosoft Azure、Google Cloud、Alibaba Cloudといったクラウドサービスと連携し、メトリクスの監視アプリケーションのパフォーマンス監視、ログの収集・可視化、アラートの管理と通知ができます。

　また、Datadogには「tag付け機能」があり、これを活用することでシステムを多次元に解析できます。

項目	Datadogの特徴
思想	クラウド時代のサーバー監視＆分析サービス
リリース	2010年
タイプ	Push型
日本語対応	対応。2018年5月より日本語テクニカルサポート開始
グラフの見やすさ	きれいで見やすく、グラフの種類が多い
学習コスト	中程度。国内での利用事例が増え始めている
管理コスト	低い。監視サーバー自体の構築・運用が不要
自由度	高い。他のサービスと連携するためのインテグレーションが80種以上用意されている
料金	有料。Infrastructure Pro版はホスト1台あたり$15、Enterprise版はホスト1台あたり$23。Free版はメトリックの保持保証期間が1日で、ホストは5台まで

　Datadogの料金プランはさまざまなタイプが用意されています。詳細は下記の公式ページを確認してください。

　　URL　https://www.datadoghq.com/ja/pricing/

New Relic（ニューレリック）

New Relicは「Observability for All（すべての人にオブザーバビリティ[1]
を）」という思想のもと開発されている、SaaS型の製品群です。フロントエン
ドからアプリケーション、インフラのパフォーマンス監視まで、システムの全レ
イヤーをカバーしているのが特徴です。

- ● **New Relicの公式サイト**

  URL https://newrelic.com/

▼New Relicの画面

2007年にサンフランシスコで設立されたNew Relic社が提供していま
す。New Relicという名前は、創業者「Lew Cirne（ルー・サーン）」のアナグ
ラム（文字の順番を入れ替えたもの）と言われています。

オブザーバビリティプラットフォーム「New Relic One」は、障害が起きた
原因を探り、改善のアクションに繋げるためのデータ収集・分析ができる機能
が揃っています。

AWS、Microsoft Azure、Google Cloudなどの主要なクラウドプロバイ
ダーはもちろん、GitHubやJenkinsといった、開発に使う各種ツールとも連
携できます。

5

監視ツールの選び方

---

[1]：オブザーバビリティについては、CHAPTER 9「オブザーバビリティって最近よく聞くけど何？」（239ページ）
で詳しく解説しています。

項目	New Relicの特徴
思想	Observability for All
リリース	2010年
タイプ	Push型
日本語対応	対応。2019年9月より日本語テクニカルサポート開始
グラフの見やすさ	きれいで見やすく、直感的に状況を把握できる
学習コスト	中程度。国内での利用事例が増え始めている
管理コスト	低い。監視サーバー自体の構築・運用が不要
自由度	高い。他のサービスと連携するためのインテグレーションが300種以上用意されている
料金	有料。Standard版はフルアクセスユーザー1人まで無料。追加ユーザー1人あたり$99/ヶ月。Pro版、Enterprise版はお問い合わせ

New Relicの料金について、詳細は下記の公式ページを確認してください。

URL https://newrelic.com/pricing

Prometheus（プロメテウス）

Prometheusは、もともと音楽共有サービスを手がけるSoundCloud社で作られた監視ツールです。現在は独立したプロダクトとして開発が続けられています。開発者はGoogle出身で、Googleで使用していた監視ツール「Borgmon」の影響を受けています。

●Prometheusの公式サイト

URL https://prometheus.io/

▼Prometheusの画面

　Pull型の欠点として「監視対象が増えるたび、監視サーバー側の設定ファイルをアップデートする必要がある」という問題があります。しかし、Prometheusは「サービスディスカバリ」という機能でその欠点を補うようにしています。AWSやAzure、Google Cloudといったクラウドサービスでは、ホスト一覧を取得するためのAPIがあるので、サービスディスカバリによって簡単に起動しているホスト一覧を取得できます。

　kubernetesで管理されているDockerコンテナの監視にも特化しており、たとえばAWSのラベルで絞り込みができたり、オートスケールでインスタンスが増えても、監視対象のサーバーにnode_exporterというプログラムをインストールしていれば、絞り込みで自動検知してくれたりします。

項目	Prometheusの特徴
思想	「本当に必要なもの以外アラートを減らす」という設計思想
リリース	2016年
タイプ	Pull型
日本語対応	非対応。ツールもマニュアルも英語表記
グラフの見やすさ	デフォルトでは、クリックでグラフを1つずつ閲覧する形式。グラフを並べて一覧表示するためにはデータ可視化ツール「Grafana」と組み合わせる必要あり
学習コスト	新しいツールのため、他と比べると高い。しかし、日本語の書籍や、有志による和訳が徐々に充実してきている
管理コスト	中程度。自力での監視サーバー自体の構築・運用が必要
自由度	とても高い
料金	無料（オープンソース）

▼Prometheusをデータ可視化ツール「Grafana」と組み合わせた例

出典：Prometheusの公式サイト（https://prometheus.io/）

5
監視ツールの選び方

Mackerel（マカレル）

　Mackerelは「はてなブックマーク」「はてなブログ」などを運営する、株式会社はてなが作ったSass型サーバー監視サービスです。オンプレミス、クラウドにかかわらず、複数のサーバーのリソース状況やサービスのパフォーマンスを可視化、監視できます。

● Mackerelの公式サイト

　URL https://mackerel.io/

▼Mackerelの画面

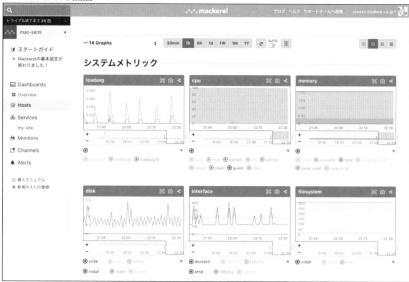

　もともとMackerelは、はてな社内の監視ツールとして作られていましたが、それが使いやすいということで、社外の人でも使えるように2014年にサービスが公開されました。日本製のサービスということもあって、日本語のドキュメントや事例が充実しています。

　技術者でなくとも直感的に操作できるUIを備えながら、必要に応じてプラグインを自作することもできます。「わかりやすさ」と「エンジニアをワクワクさせる部分」の両方をうまく共存させているツールです。

項目	特徴
思想	エンジニアをワクワクさせる「直感的サーバ監視サービス」
リリース	2014年
タイプ	Push型
日本語対応	対応。ツールも公式ドキュメントも日本語で、問い合わせも日本語でできる
グラフの見やすさ	スッキリとしていて初心者でもわかりやすい
学習コスト	低い。日本語でのブログ記事が多い。サーバーに監視用プログラムをインストールしたあとは、エンジニアでなくてもブラウザでログインするだけで容易にグラフを閲覧できる
管理コスト	低い。監視サーバ自体の構築・運用が不要
自由度	高い。公式プラグインのほか、取得したいデータがあればプラグインを自作することもできる
料金	有料。スタンダードホスト1台あたり:1833円、マイクロホスト1台あたり:660円（税込）。Freeプランはホスト5台まで登録可能。Trialプランで2週間全機能を無料でお試し可能

▼Mackerelのアラート通知の画面

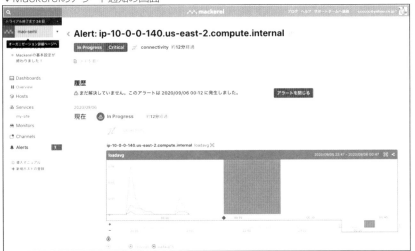

5

監視ツールの選び方

全部違って全部いいところがあるね!

ツールによって思想や得意なことが違うから、自分が開発しているプロダクトに合うものを選ぶといいぞ。

すべてのツールの使い方を紹介したいところだけど、それだと1冊では解説しきれないわ。

うむ。というわけで、本書では日本語完全対応で初心者でも操作しやすい**Mackerel**（マカレル）を使って実践してみよう。

わーい！　ところで Mackerel ってどういう意味なの?

英語で、魚の**サバ**という意味よ。

もしかして**サーバー**と掛けてるの!?　天才では!?

しまった！　わかばちゃんはダジャレに目がないんだった!

CHAPTER 5のまとめ

- 監視ツールは自分で作るべき？　既存のツールを使うべき？
  - 監視ツールをいちから自分で作る・・・自由度は高いがリソースが必要
  - 既存ツールの中から自分たちに合うものを選ぶ・・・スタートアップでスピード感が求められるような場合に良い

- 代表的な監視ツール
  - Nagios（ナギオス）
    - OSS。歴史ある監視ツールで豊富なプラグインが強み
  - Zabbix（ザビックス）
    - OSS。「All in One」という設計思想で、様々な機能が最初から入っている
  - Datadog（データドッグ）
    - SaaS。クラウド時代のサーバー監視 & 分析サービス
  - New Relic（ニューレリック）
    - SaaS。「Observability for All」という設計思想
  - Prometheus（プロメテウス）
    - OSS。「本当に必要なもの以外アラートを減らす」という設計思想
  - Mackerel（マカレル）
    - SaaS。エンジニアをワクワクさせる「直感的サーバ監視サービス」

CHAPTER 6

Mackerelで監視を始めよう

SECTION 23 Mackerelって何?

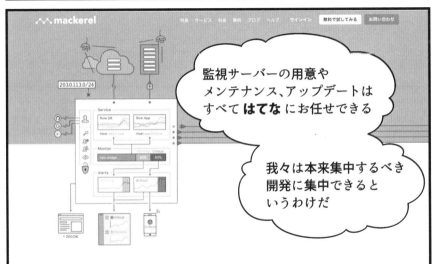

117

Mackerelとは?

Mackerel(マカレル)は、次世代型のサーバー監視サービスです。オンプレミス、クラウドにかかわらず、複数のサーバーのリソース状況やサービスのパフォーマンスを可視化、監視できます。

 国産製品ということもあって、日本語のドキュメントや事例が充実しているぞ。

 英語苦手だから助かる〜!

 日本企業での導入事例も多く、特にECサイトやゲームなどの大規模なコンシューマ向けサービスを展開している企業で使われているのだ。

 へぇ〜! でも、監視ツールって設定が難しそうなイメージが……。

 大丈夫! アカウントを登録するだけですぐに監視を始められる。それにデザインもスッキリしていて、直感的に操作できるのだ。

▼Mackerelの画面

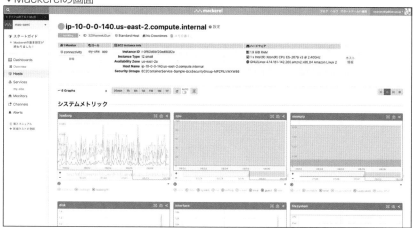

 おおっ! 早く使ってみたい!

Mackerelの特徴

Mackerelの特徴は次の通りです。

◆ 簡単に始められる

Mackerelはアカウントを登録するだけで、すぐに監視を始められます。監視サーバーをいちから作るには大変な時間と技術力が必要ですが、Mackerelには監視に必要な機能はすべてセットアップされているので、難しい設定はいりません。

◆ 誰にでもわかりやすい画面

監視ツールというと「上級者向けなのでは?」「いろんな項目があってややこしそう」というイメージがあるかもしれませんが、Mackerelの画面はスッキリとしていてわかりやすく、直感的に操作できるUIになっています。

◆ エンジニアをワクワクさせる監視ツール

わかりやすい、操作しやすいというとっつきやすさがある一方で、エンジニアがハックできる要素もたくさん用意されています。

- かゆいところに手が届く、便利なAPIが用意されている
- オリジナルのプラグインを自分が好きなプログラミング言語で作れる
- 監視エージェントやプラグインはオープンソースで公開されている

公開されているプログラムをカスタマイズして使ったり、追加機能を作ってコントリビュートすることもできます。

◆ 本質的な仕事に集中できる

自前の監視サーバーを運用しようとすると、その運用保守やアップデートの作業に時間を取られてしまうことも。Mackerelは監視専門ツールとして、日々セキュリティ対策や不具合修正を実施しているので、監視のことはMackerelにお任せして、本来集中するべき開発に労力を割くことができます。

◆ プラットフォームに依存しない統合監視

AWSやAzure、GCPなどの、複数のクラウドサービスを使い分けるマルチクラウドや、オンプレミスとクラウド環境を組み合わせたハイブリッドクラウドにも対応しています。分散しがちなサービスを、Mackerelひとつにまとめて監視できます。

6 Mackerelで監視を始めよう

Mackerelの仕組みと 基本用語

　MackerelはSaaS型（Software as a Service）です。監視サーバーの用意からメンテナンス、アップデートまで提供してくれるので、いきなりWebサービスとして監視を始められます。具体的にはどういうことでしょうか。OSSとして配布されている監視ツールを使う場合と比べてみましょう。

- OSSの監視ツール（Nagios、Zabbix、Prometeusなど）
  - 監視ツールをインストールするための監視サーバーは、自分で用意する必要がある
  - 監視ツールの環境構築・インストールは自分でやる必要がある。新バージョンがリリースされたら、追いつくためにこまめにアップデート
  - また、サーバーのメンテナンスも自力でやらなくてはならないので、サーバー管理の知識が必要
  - 監視サーバーが止まってしまっては意味がないので、監視サーバー自体も正常に動いていることを監視する必要がある

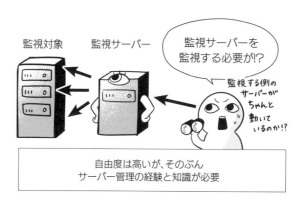

監視対象　　監視サーバー

監視サーバーを
監視する必要が!?

監視する側の
サーバーが
ちゃんと
動いて
いるのか!?

自由度は高いが、そのぶん
サーバー管理の経験と知識が必要

- SaaS型監視ツール（Mackerel、NewRelic、Datadogなど）
  - 監視サーバーはすでに用意されている
  - 監視ツールの環境構築・インストールも済んでいる
  - 監視サーバーのメンテナンス、アップデートはまとめて面倒をみてくれるので、全部おまかせできる
  - 監視サーバー自体の監視をする必要がない（サービス提供企業がまとめて監視してくれているため）

Webサービスのように
ログインして使えるのがSaaS型

📝 サーバーを監視する仕組み ── MackerelはPush型

 Mackerelはどんな仕組みでサーバーを監視するの？

 mackerel-agent（マカレルエージェント）というプログラムをサーバーにインストールすることで、監視できるようになるんだ。

 エージェント？

 監視したいサーバーにこのエージェントを配置しておくと、そのサーバーのCPU使用率やメモリ使用率といったメトリックを取得して、Mackerelへ送ってくれるというワケだよ。

 へぇ〜！　でも、Mackerelはクラウドサービスでしょ？　安全性は大丈夫なの？

大丈夫！ エージェントがMackerelへデータを送信するだけだから、Mackerelを使うためにポートを開けたり、アクセス許可したりしなくていいんだ。それに、エージェントのコードはGitHubですべて公開されているから、透明性があるしね。

● mackerel-agentのGitHubリポジトリ

URL https://github.com/mackerelio/mackerel-agent

ほうほう。Mackerel側から監視対象のサーバーの中身を見に行くのではなく、監視対象のサーバーの中にいるエージェントから自動でデータが送られてくるんだね。

そうだ。ちなみにこの方法はPush型と呼ばれている。

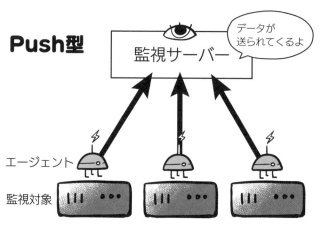

あっ、聞き覚えがある！ たしかCHAPTER 3で、データ収集の方法には2種類あるって言ってたよね。

おっ、よく覚えているな。Push型と、あと1つは何だったかな？

Pull型でしょ！

その通り。Pull型は、逆に、監視サーバーから監視対象のサーバーのメトリックを取得しにいく方法だ。

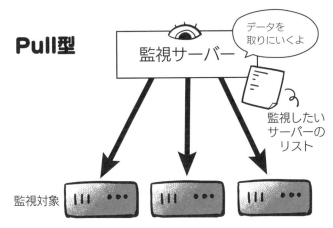

Pull型のサービスとしてはZabbixやNagiosなどがある。Push型はMackerelの他にSensuなどがあるぞ。Pull型とPush型どちらの方がよいか、優劣がハッキリ決まっているわけではないのだが、Mackerelはインターネット上のSasSシステムであることから、セキュリティの面でPush型を採用しているんだ。

「サービス」「ロール」「ホスト」とは?

まず、Mackerel特有の単語をざっくり把握しておきましょう。

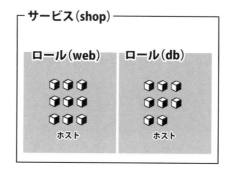

サービス、ロール、ホスト? 階層を表しているみたいだけど、何がどう違うの?

最初はよくわからないよな。これらの単語の意味が押さえられていないとこれからの話もちんぷんかんぷんになる。とはいえ、難しくはないから安心したまえ。大きい順に説明していくぞ。

◆ サービス……一番大きい概念

　サービスはMackerelの中で、一番大きい概念です。監視するシステムのサービス全体を表します。サービスの名前は、自分でわかりやすい名前を名付けられます。たとえば、ネットショップを展開しているシステムは、「shop」サービスなどと命名することになります。サービスを作成したら、その下の階層となるロールを作成します。

◆ ロール……サーバーの役割を表すグループ

　ロールとは、直訳すると「役割」という意味です。私たちに馴染みのある言葉として「ロールプレイングゲーム」がありますが、あれは勇者という役割になりきって遊ぶゲームだからそう呼ばれているわけですね。

　そういうわけで、このロールはサーバーの「役割」を指定するものになります。たとえばWebサーバーが2つ、データベースサーバーが2つあったら、前者は「webロール」、後者は「dbロール」として名付けてまとめます。

　基本的には、どのサーバーにも何かしらのロールが与えられているように設定します。

◆ ホスト……サーバー1台につき1ホスト

ホストというと、ホストクラブや、ホームステイ先のホストファミリーなどを思い浮かべる人もいるかもしれませんね。**ホスト**は直訳すると「お客さんが来たらおもてなしをする人」という意味です。

ネットワーク用語では、ホストとは「IPアドレスを持っていて、ルータではない」もののことを指します。ホストはサーバーと同じ意味で使うことが多いです。何か要求が来たらサービスを返してあげる=お客さんが来たらおもてなしをする人、というわけですね。

Mackerelにおいても、このイメージで考えてよいでしょう。

mackerel-agentを監視対象のサーバーにインストールして起動すると、Mackerel上で**ホスト**として認識されます。**監視対象のサーバー1つにつき、1ホストとしてMackerel側で観測する**ことになります。

なるほど〜。**ホスト**がMackerelの中では一番小さい単位で、監視対象のサーバーと1対1なんだね。

なんとなくわかったかい？　では早速、Mackerelにこれらを登録して監視を始めよう!

125

Mackerelを導入しよう

　Mackerelをフル活用するには有料の「Standardプラン」が必要ですが、まずは無料で試してみたいという方は「Trialプラン」で2週間全機能をお試しできます!　その後、有料プランへの切り替えがなければ、自動的に機能制限のある「Freeプラン」になります。

　今からやる作業は次の通りです。

■ ユーザー登録をしよう

② 新規ホストを登録しよう

③ サービスを作ろう

④ ロールを作ろう

⑤ ホストにロールを紐付けよう

✍ ユーザー登録をしよう

　ユーザー登録は次のように行います。

❶ Mackerelのトップページ(https://mackerel.io/)をブラウザで開き、「無料で試してみる」をクリックします。

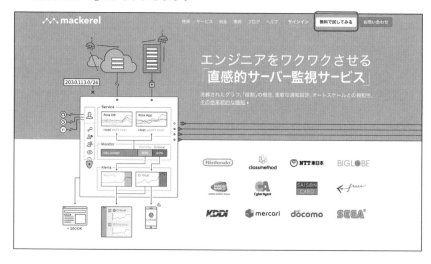

❷ Macerelに登録（サインアップ）します。GitHubアカウント、Googleアカウント、Yammerアカウントでの連携が可能ですが、今回はメールアドレスで登録してみます。メールアドレスを入力して「サインアップ」ボタンをクリックします。

❸ まずは組織（オーガニゼーション）を登録します。会社利用ならば会社名を、個人ならば自分の名前をつけておくとよいでしょう。入力したら「作成」ボタンをクリックします。わかばちゃんは魔王教授のゼミとして使うので、オーガニゼーション名は「mao-semi」としました。「利用想定台数」の欄は、監視予定のサーバーの台数を選択肢の中から選びます。

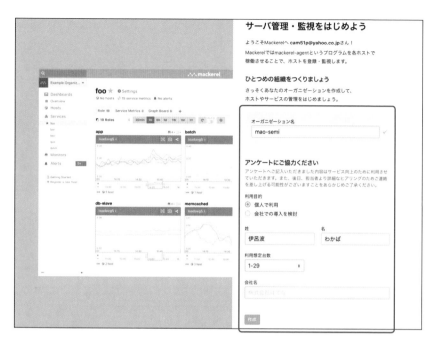

❹ プランを選択します。トライアル期間の2週間は、最もハイスペックなStandard
プランと同等の機能が無料で使えます。「Trialプランをはじめる」ボタンをクリッ
クします。

❺ 早速、Mackerelの操作画面が表示されました!

❻ この時点ではまだ仮登録なので、今からパスワードを設定して本登録をします。登録したメールアドレスに次のようなメールが届いているはずです。URLをクリックして、パスワードを設定しましょう。

❼ パスワードを設定します。入力したら「パスワードを設定する」をクリックします。

❽ これでユーザー登録が完了しました。

わぁ、さっそくMackerelの操作画面が表示されたよ！　でも、まだ何のサーバーも登録していないから真っ白だ。何からすればいいかわからない……！

大丈夫！　初心者でも簡単に監視対象のサーバーを登録できるように、スタートガイドが用意されているんだ。左上のメニューから「スタートガイド」をクリックしてごらん。

新規ホストを登録しよう

「スタートガイド」のページを開きました。監視を始めるためのステップが、わかりやすく並んでいます。1つ目のステップ「オーガニゼーションを作成」は、先ほど完了しましたね。今から2つ目のステップ、新規ホストを登録します。

❶「新規ホストの登録」ボタンをクリックします。

えーっと、ホストって何だっけ？

さっき124ページで理解してたのに、もう忘れたのかい？　ホストは、お客さんが来たらおもてなしをする人、つまり……

あ、そうだった!　ITの世界では、ホスト≒サーバー。Mackerelでは、監視対象のサーバー1つにつき、1ホストとして登録するんだったね。

❷利用しているサーバーのOSを選択します。今回は、例としてAWSにDocker
でデプロイしているとして、「Amazon Linux」を選択します。

「AWSを使ったことがない」という方は、「マンガでわかる
Docker③ AWS編」[1]を読んでみてね。

❸利用しているサーバーのAmazon Linuxのバージョンをクリックすると、それぞ
れに対応したコマンドが表示されます。自分のサーバーのOSのバージョンと同
じものを選びましょう。なんと、この1行のコマンドを実行するだけで、サーバー
にエージェントが送り込まれ、ホストが新規登録されます!

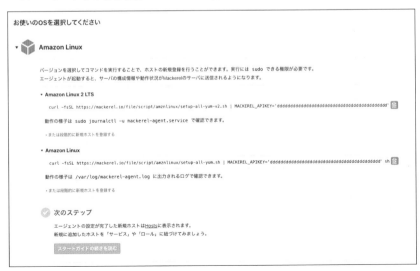

6 Mackerelで監視を始めよう

「MACKEREL_APIKEY」の部分は、オーガニゼーションごとに異なる英数字が割り当てられている。

オーガニゼーションっていうのは、最初に設定した会社や組織のことだったよね。

そうだな。このAPIキーでMackerelはオーガニゼーションを識別しているから、APIキーは外部に漏らさないよう、気をつけてくれたまえ。

❹ いよいよエージェントをインストールしましょう。でもその前に、ターミナル（Windowsの場合、コマンドプロンプト）からサーバーにログインする必要がありますが……?

このコマンドをコピーしてターミナルで実行すればいいんだね! これでエージェントをインストールだ!

もしかして、サーバーにログインしないまま実行しようとしてる?

ハッ! 確かに自分のパソコンにエージェントをインストールしても意味ないよね。それじゃ、まずはサーバーにログインしよう。これからやるのはAmazon EC2のやり方だから、他のクラウドサービスとは違う部分もあると思うけど、例としてやってみるね。
まずは、AWS上でキーペアを作ったときダウンロードしておいた秘密鍵を用意。鍵ファイルのパーミッションが他のユーザーには閲覧できないように、ファイルのパーミッション（権限）を変更して……

```
$ chmod 400 [キーペア名].pem
```

sshでログインするよ。

```
$ ssh -i [キーペア名].pem [ユーザ名]@[パブリックIP or パブリックDNS名]
```

6 Mackerelで監視を始めよう

私の場合はこんな感じ。

```
$ ssh -i SampleKey.pem ec2-user@ec2-XX-XX-XX-XXX.us-east-2.compute.amazonaws.com
```

```
wakaba-iMac:Downloads min$ ssh -i SampleKey.pem ec2-user@ec2-18-191-254-
us-east-2.compute.amazonaws.com

     __|  __|  __|
     _|  (   \__ \    Amazon Linux 2 (ECS Optimized)
   ____|\___|____/

For documentation, visit http://aws.amazon.com/documentation/ecs
4 package(s) needed for security, out of 16 available
Run "sudo yum update" to apply all updates.
```

やったね！　ECSのインスタンスにログインできたよ。

COLUMN 「port 22: Operation timed out」と表示されてログインできない場合

　自分のパソコンのIPアドレスをサーバー側に設定済みですか？　設定した覚えがない場合、サーバー側のセキュリティではじかれている可能性があります。「このIPアドレスは開発者のパソコンからのアクセスだから、このアクセスは拒否しないでね」とサーバー側に教えてあげる必要があるということです。

　例としてAWSの場合の操作を紹介します。

※利用しているサーバーによって、設定画面や用語は異なります。

❶ SSHの送信元として、自分のパソコンのIPアドレスを登録します。AWSの管理画面をブラウザで開き、「EC2」→「セキュリティグループ」の「インバウンドルール」をクリックします。

❷ 該当のセキュリティーグループ名をクリックして、インバウンドルールを追加していきます。

・インスタンスを起動するときに

　セキュリティグループを指定していなかった場合 → defaultをクリック。

　セキュリティグループを指定していた場合 →

　　　　　　　自分が名付けたセキュリティーグループ名をクリック。

❸ 「ルールを追加」をクリックし、プルダウンから「SSH」→「マイIP」の順に選択します。「マイIP」を選択すると、自分のパソコンのIPアドレスが自動で入力されます。

❹ その後インスタンスを一度停止させてから再度開始させてください。

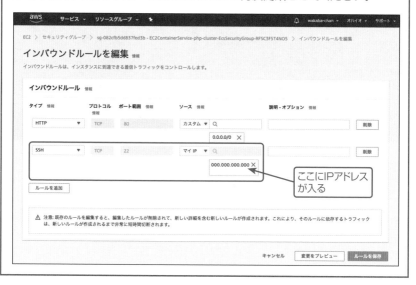

❺ サーバーにログインできたので、ターミナルの先頭が次のような表示に変わっています。

```
[ec2-user@ip-10-0-0-47 ~]$
[ec2-user@ip-10-0-0-47 ~]$
```

わーい! 私、今サーバーの中に入ってるんだね!

❻ お待ちかねのエージェントをインストールしましょう。先ほどのMackerelの画面からコピーしてきたコマンドです(お使いのサーバーの仕様によりコマンドが異なります。仕様に合うものをコピーして使ってください)。

```
$ curl -fsSL https://mackerel.io/file/script/amznlinux/setup-all-yum.sh |
MACKEREL_APIKEY='XXXXXXXXXXXXXXXXX' sh
```

❼ インストールが完了すると「Done! Welcome to Mackerel!」と表示されます。

```
インストール:
  mackerel-agent.x86_64 0:0.68.1-1.amzn2

完了しました!
+ mackerel-agent init '-apikey=<YOUR_API_KEY>'
+ systemctl start mackerel-agent
*********************************

       Done! Welcome to Mackerel!

*********************************
[ec2-user@ip-10-0-0-47 ~]$
```

COLUMN エージェントが動いている様子を見たい場合

エージェントが動いている様子を見たい場合は次のコマンドでログを
確認できます。

```
$ sudo journalctl -u mackerel-agent.service
```

```
*********************************
[ec2-user@ip-10-0-0-140 ~]$ sudo journalctl -u mackerel-agent.service
-- Logs begin at 水 2020-07-22 21:06:38 UTC, end at 水 2020-07-22 21:10:50 UTC. --
7月 22 21:10:17 ip-10-0-0-140.us-east-2.compute.internal systemd[1]: Starting mackerel.
7月 22 21:10:17 ip-10-0-0-140.us-east-2.compute.internal systemd[1]: Started mackerel.
7月 22 21:10:17 ip-10-0-0-140.us-east-2.compute.internal mackerel-agent[5185]: 2020/07/
7月 22 21:10:18 ip-10-0-0-140.us-east-2.compute.internal mackerel-agent[5185]: 2020/07/
7月 22 21:10:20 ip-10-0-0-140.us-east-2.compute.internal mackerel-agent[5185]: 2020/07/
7月 22 21:10:22 ip-10-0-0-140.us-east-2.compute.internal mackerel-agent[5185]: 2020/07/
7月 22 21:10:22 ip-10-0-0-140.us-east-2.compute.internal mackerel-agent[5185]: 2020/07/
[ec2-user@ip-10-0-0-140 ~]$
```

❽ さて、Mackerelの左メニューから「Hosts」のページを開いてみましょう。お
めでとうございます! すでにホストが登録されています!

6 | Mackerelで監視を始めよう

Hosts

すごい！　早速、CPUやメモリといったメトリクスが取得されている！
これがさっき魔王教授が言ってた「Push型」ってやつだね。
エージェントから自動でデータが送られてくるよ。

COLUMN エージェントの起動が失敗する場合の解決方法

エージェントの起動が失敗する場合、いろいろな要因が考えられますが、大きく分けて次の通りです。

◆エージェントからMackerelへ通信ができていない場合

● セキュリティではじかれていませんか？

　○ インストール対象のサーバーから、MackerelのIPアドレスへの通信ができるよう設定しましょう。MackerelのIPアドレスは、ヘルプページに掲載されています。

　URL https://support.mackerel.io/hc/ja/articles/
　　　　　360039633271-Mackerelがホストされている
　　　　　IPアドレスとポート番号を教えて下さい

● ウイルス対策ソフトによってmackerel-agentの通信が阻害されていませんか？

◆通信はできているが、APIキーが正しくないと言われている場合

- ログに「WARNING <command> API request failed: Authentication failed. Please try with valid Api Key.」というエラー表示がある場合
  ○ APIキーが間違っていませんか？
    ▷ Mackerelの画面からコマンドをコピーし直して再度実行してみましょう。
  ○ 「mackerel-agent.conf」を書き換えていませんか？
    ▷ 「mackerel-agent.conf」という名前の設定ファイルを編集前の状態に戻して、再度実行してみましょう。
- 以前mackerel-agentをインストールしたことのあるOSイメージを丸ごとコピーして使っていませんか？
  ○ 「/var/lib/mackerel-agent/id」という階層も一緒にコピーして使っている場合、このファイルを削除する必要があります。

他のケースは、Mackerel公式ヘルプに掲載されているので、参考にしてください。

URL https://support.mackerel.io/hc/ja/articles/
　　　　360040108631-エージェントが起動しない

サービスを作ろう

次は、Mackerelの中で一番大きい概念「サービス」を作りましょう。サービスを作ることで、ホストをまとめることができます。

❶「新規サービスを作成」ボタンをクリックします。

❷ わかりやすいサービス名とメモを入力します。わかばちゃんは今回、自作のWebサイトを監視したいので、このようなサービス名とメモにしてみました。「作成」ボタンをクリックします。

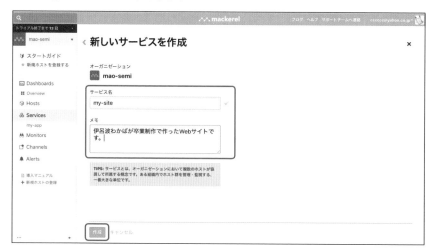

6 | Mackerelで監視を始めよう

❸ あっという間にサービスができました！　簡単でしたね。

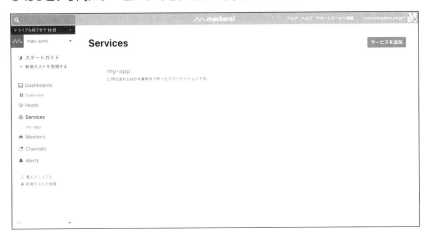

ロールを作ろう

それでは次のステップ、サービスの中のロールを作っていきましょう。

❶「新規ロールを作成」ボタンをクリックします。

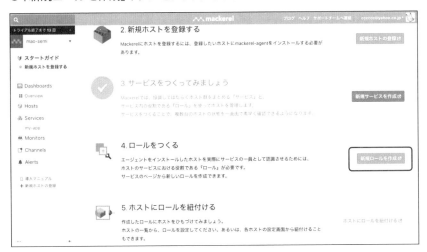

❷ ロール名とメモを入力しましょう。「app」「db」「proxy」など、機能によってホスト群を名付けることで、サービスに所属するホストをグループ分けして扱うことができます。入力が終わったら「作成」ボタンをクリックします。

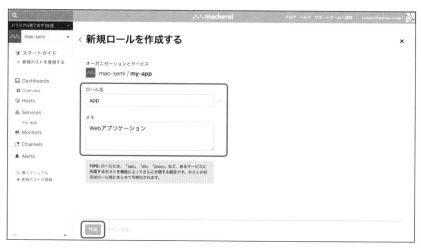

❸ 「app」ロールができました！　まだこのロールにはホストが登録されていないので、空っぽです。ホストを追加してあげましょう。「ホスト一覧ページで設定」ボタンをクリックします。

ホストにロールを紐付けよう

いよいよ最後の手順です。作成した「app」ロールに、ホストを紐付けましょう。

❶ スタートガイドのページから「ホストにロールを紐付ける」ボタンをクリックします。

❷ Hostsのページが開きます。該当のホストの欄から「ロールを設定」ボタンをクリックします。

❸ プルダウンで、先ほど作った「app」ロールを選択し、「更新」ボタンをクリックします。

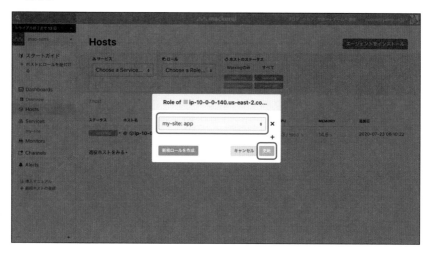

以上で、Mackerelでサーバー監視ができるようになりました!

システムメトリックを
眺めてみよう

Hostsのページから先ほど登録したホストをクリックすると、6つのグラフが閲覧できます。

これら6つの基本のグラフをMackerelでは**システムメトリック**と呼びます。監視対象のサーバーでmackerel-agentを起動するだけで自動的に収集・投稿されます。

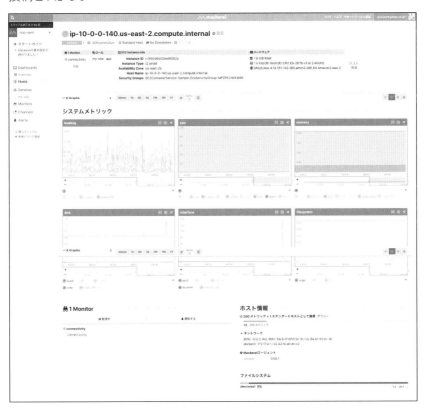

1分ごとに新しい数値がmackerel-agentから送られてきて記録されていきます。監視を始めてすぐは、過去のデータが溜まっていないので点だけに見えますが、しばらく時間が経つと折れ線グラフ・積み上げグラフが形作られていきます。

早速グラフが描画され始めたよ！　うれしい！
ところで「loadavg」とか「cpu」って何だっけ……？

CHAPTER 1の「リソースの現状を確認してみよう」（30ページ）
でやったはずだが……？

あっ、そうか！　あのときは「vmstat」コマンドでリソースを少し覗き見しただけだったけど、今はmackerel-agentを導入したから、Mackerel上でグラフになって時系列で見れてるってことなんだ！

思い出してくれたようでよかったよ。

……っていっても、何をどう見ればいいのかさっぱりわからん。

各項目と、どこに着目すればいいかをノートにまとめてきたわ。

わぁ！　エルマスさん、さすが！

loadavg

　loadavgはロードアベレージを表しています。実行待ちのプロセスの数（procs r）と、I/O待ちのプロセスの数（procs b）を足したものになります。

　システム全体の負荷の状況を確認できるとして、従来より使われてきた指標です。この数値が高いと、処理されずに待っているプロセスが多い ＝ いわゆる「重い」状態になっていることがわかります。

　色分けされている「loadavg1」「loadavg5」「loadavg15」は、それぞれ「1分間の平均値」「5分間の平均値」「15分間の平均値」になります。

▼loadavg

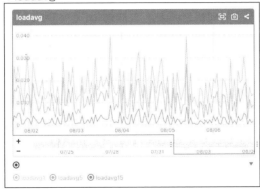

◆ ロードアベレージの見方

「ロードアベレージが一定の水準を超えるとヤバイ」っていう目安はあるの？

いいえ。ロードアベレージの値が瞬間的に跳ね上がっても、その後だんだんと待ち行列が解消されて平常時に戻っていくなら心配ないわ。注意するべきはロードアベレージのグラフが右肩上がりの場合ね。

右肩上がりだと、なんでダメなの？

その場合、どんどん待ち行列が溜まっていて、処理が追いついていないことが読み取れるわ。こうなると処理速度はどんどん遅くなってしまう。CPUの性能を上げるか、ディスクの読み書きのスピードが問題ないか見直す必要があるわね。

6 | Mackerelで監視を始めよう

cpu

cpuはCPU使用率です。主な内訳は次の通りです。

項目	意味
cpu.user	カーネル以外が使用した時間の割合
cpu.iowait	I/O待ちによりアイドル状態であった時間の割合
cpu.system	カーネルが使用した時間の割合
cpu.idle	I/O待ちがなく、かつCPUがアイドル状態であった時間の割合

▼cpu

◆ cpuの見方

おっ、CPU使用率は一番重要なやつでしょ?　なんてったって、CPUはサーバーの脳だから!

それが……CPU使用率を重視するかどうかは、そのサーバーの種類によるのよ。

ええっ!　どういうこと?

アプリケーションサーバーなら複雑な処理を行うから、CPU使用率はもちろん重視されるべき。でもプロキシサーバーなら通信を中継するのが主な役割だから、それほど重視しなくてもいい。

なるほど。じゃあ、仮にアプリケーションサーバーだとして「CPU使用率が○○%を超えるとヤバイ」っていう目安はある?

あなた、さっきからそればっかりね……。

だって、どれくらいの数値になれば危険なのかがわからないんだもん! 目利きの目安を知りたい!

たしかに「cpu.user」が高負荷状態になっていないかはチェックするべきね。ただし、その閾値は「稼働しているアプリケーションによる」としかいえないわ。

うーん、なんかぼんやりしてるなぁ。

まぁ、わかばちゃんは監視を始めたばかりだものね。メトリックにデータが溜まっていくと、自分のアプリケーションの、普段のCPU使用率の振れ幅がわかってくるはず。そこから大きく外れるような値を閾値とすればいいわ。

なるほど、そういうことかぁ。

◆ CPU使用率が低すぎるのも問題

それにしても、このグラフはCPU使用率が低すぎるわね。

えっ!? CPU使用率は低ければ低いほどいいんじゃないの?

スカスカすぎるのも問題なのよ。特にアプリケーションサーバの場合はね。

私は上等すぎるCPUを使ってるってことか……。それじゃサーバー利用料がもったいないし、CPUの性能落とそうかな。

平常時とピーク時、それぞれの負荷を想定して、適切なサーバーリソースに調整するのも監視の腕の見せどころね。

◆ ロードアベレージ上昇のボトルネックを探るには

ところで、さっきの話。ロードアベレージが右肩上がりの場合はCPUかディスクを調べろってことだったけど、どの項目を見るといいの?

次のように問題を切り分けられるわ。

- 「cpu.iowait.percentage」が高騰している場合
  - ディスクのI/O性能がネック
- 「cpu.user.percentage」が高騰している場合
  - カーネル以外(そのサーバで稼働させているアプリケーションなど)のプロセスが原因であり、その処理内容を改善するか、CPUのスペックを挙げることで改善される可能性がある
- 「cpu.iowait.percentage」も「cpu.user.percentage」も高騰していない場合
  - そのCPUで一度に処理が行える数に対して要求の数が大きすぎることがロードアベレージ高騰の原因なので、コア数を増やす・同じ役割のサーバ台数を増やし負荷分散することで改善される可能性がある

ほお〜、データを組み合わせて見ることで、こんなにいろんなことがわかるんだね。監視って奥が深い。

memory

memoryはメモリの使用率と空き容量を表しています。サーバーのメモリをどれくらい圧迫しているかがわかります。

▼memory

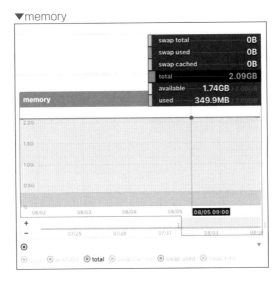

◆ memoryの見方

CHAPTER 1で、「空きメモリの量が少なくなっていても焦る必要はない」って教わったけど。空きメモリが増えると、サーバーはその分を後述のキャッシュにまわすから、この値がカツカツでも「メモリ不足!ヤバイ!」というわけでもないって。

そうね。基本的に最近のOSでは、空きメモリの大部分をページキャッシュとして使うようになっていて、必要に応じて開放する。だから「cached」がパンパンでも、実はいつでも開放して使えるメモリだったりする。何をもって「メモリ使用率」とするかという前提が重要ね。

ふんふん。

メモリ構成の考え方は、かつての環境では「used + cached + buffers + free = total」として考えられていたわ。このとき「メモリ使用率」を定義するなら、いつでも開放できる「cached」と、余分に確保されている「buffers」は抜きにして、「used / total」として考えることになるんだけど……

ふむふむ、それがグラフ上の「available」っていう数値?

いいえ。これには新旧のワケがあってね。実は、「cached」や「buffers」領域には、「swap」する領域も含まれていて、さっきの「used + cached + buffers + free」という安直な足し算では、メモリ状況を過小表示してしまうという問題が生じるのよ。

ぬぬっ。それはまずい。

そこで、最近の環境[2]では「MemAvailable」という項目ができた。これで「空いていて、使える領域」という形で一撃で数値が取れるようになったの。

つまり、最近の環境では「used + available = total」として考えればいいんだね。

◆ スワップ領域の増加に注意

たしか、「swap」って「入れ替える」っていう意味だよね。

そう。メモリが不足してくると、不要データをディスクに書き込んで、メモリを空けようとする。そして、そのデータが必要になったら、今度はディスクからメモリの上に戻して使う。それが「swap」よ。

今は0だね! よかった〜。ここが0以外になると、そのサーバーのメモリが足りないか、メモリをバカ食いするプログラムが多すぎるかのどちらかなんだよね。

[2]：Kernel3.14以降とMemAvailableがバックポートされた環境

その通り! 特にWebアプリケーションにおいては「スワップさせてしまったら負け」という考え方があるわ。「swap」領域はHDDなどのディスクデバイス上に作成されることが多いから「swap」の発生は極端なパフォーマンスの低下につながるのよ。

 「swap」が発生していないか、日ごろから目を光らせておいた方がいいね!

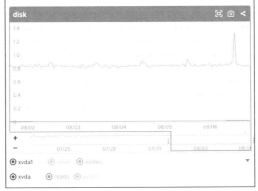 disk

diskはディスクのIOPSを表しています。IOPS(Input Output per Second)とは、1秒当たりに何回のデータ書き込み/読み出しが可能かを表す指標です。データベースへの読み書きなど、トランザクションが多く発生するサービスで重要視されます。

▼disk

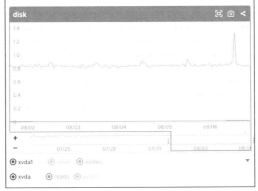

◆ diskの見方

 ディスクへの読み書きが頻繁に発生するデータベースサーバーやストレージサーバーは、この値をよく見ておいた方がよさそうだね。

 そうね。ディスクのIOPS性能は製品仕様として明示されているの。つまり明確な限界があるわ。

ディスクのIOPS性能を調整するには、どれくらいデータが貯まればいいかな？

1週間程度は監視するのがいいと思うわ。もし月次処理などを実行するサーバーであれば、月次処理を実行する週のパフォーマンスを計測してね。サーバーが忙しい時間帯・曜日の傾向を把握したり、発生したIOPSの最大値と通常運用時のIOPSを比較してその差を計測したりできるわ。

計測したIOPSを、どんなふうに考えればいいの？

たとえば、通常運用時は2,000IOPSぐらいの負荷しかかかっていないサーバーで、深夜の特定時間に実行されるバッチ処理に10,000IOPSの負荷がかかっているとする。このバッチ処理が数分間で完了するならば……

この数分間のためだけにハイグレードなディスクを用意するのはお金がもったいない！

その通り！　通常運用時のIOPSにチューニングのターゲットを合わせることでストレージコストを抑えられるよね。

私のケチケチ精神がこういうところに活きるとは……！

とはいえ、処理時間は数分間でも、少しの遅延も許されない処理を求める場合は、その数分間のために高級なディスクを用意する必要があるかもね。たとえばMicrosoft AzureのPremium SSDは20,000IOPSまで耐えられるわ。

interface

interfaceはネットワーク帯域の使用状況を表しています。txが送信、rxが受信です。

▼interface

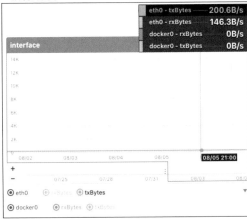

◆ interfaceの見方

ネットワーク転送量が増大しがちなロールが特に重要視すべき項目ね。たとえばプロキシサーバー・Webサーバー・コンテンツ配信サーバーなどよ。

ふむふむ。

自社内でサーバーを運用しているオンプレミス環境では、そのネットワーク帯域量に明確な上限があるはずなので「上限帯域量の限界値近くを長時間占有していないか?」という見方をするといいわ。

クラウド環境だと、ネットワーク帯域幅によって使用料が従量課金されるよね?

そう! だから、料金がかかりすぎないように監視のアラートを設定しておくのもいいかもね。前月分のグラフと料金実績の相関を把握しておくのもいいわ。

節約できるところは節約していきたい!

他にも、DOS攻撃を検知する指標の1つとしても使えたり、データベースサーバーに不必要に大量データを取得するようなSQLを発行していないかの指標にも使えたりするみたいよ。

へぇ〜、いろいろな見方ができるんだね。

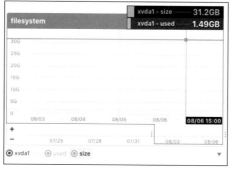 filesystem

filesystemはディスクサイズと使用量を表しています。sizeがディスクサイズで、usedがディスクの使用量です。

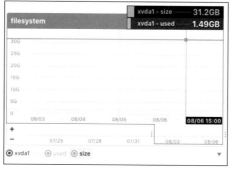

▼filesystem

◆ filesystemの見方

そもそもファイルシステムって何?

初心者にとっては聞き覚えのない言葉かもね。ファイルシステムとは、HDDやUSBメモリなどの記憶装置が持っている機能の1つよ。ファイルシステムがあるおかげで、私たちはデータを保存したり、どこにどんなデータがあるのかを認識することができるの。

ふーん、フォルダの中にファイルを保存したりするシステムそのものってこと?

そうよ。わかばちゃんがUSBメモリや外付けHDDを初めて使うとき、「フォーマットしてください」っていう画面が出たことはない?

あるある!

あれは、記憶装置にファイルシステムが設定されていないから、最初にどんなファイルシステムを使うか指定してねといわれているのよ。ファイルシステムの種類には、FAT32、NTFS、exFATなどがあるわ。

あー、あれかぁ! パーティションを分割したりするやつ。

わかってくれたみたいね。サーバーにも、もちろんこのファイルシステムがあるってわけ。ディスク使用量(used)の値が増加してきて、ディスクサイズ(size)がギリギリになると、ログなどの書き出しが行えなくなり、アプリケーションが停止してしまう可能性があるわ。

それは大変。空き容量が枯渇する前に、ヤバイ傾向を予測して対策したいところだね。

まさにその通りよ。
その「ヤバイ傾向」を予測するために、Mackerelでは将来予測を行うことができるの。

将来予測!? すごい!

通常の閾値設定によるアラートでのお知らせに加えて、式監視機能にて「timeLeftForecast」関数を用いることで「線形回帰したメトリックが閾値に到達する○秒前になったらアラート発報」(将来予測)といったことを行うことができるの。

カッコイイ！　線形回帰って統計学の考え方だよね。それを簡単に使える関数が、もともと用意されてるんだ。

 これを活用することで、早めの対策が打てるわ。たとえば、ディスク使用量が危険水域に到達する1週間前に、ディスクの拡張や不要ファイルの削除をしておけるといった具合にね。ディスク容量の枯渇で痛い目にあったことのある人にはぜひ設定してほしいわね。

※本節は下記のブログ記事を参考に執筆しています。

● えいのうにっき
『MackerelでみるLinuxシステムメトリック項目の見方・考え方』（@a-know著）

URL https://blog.a-know.me/entry/2017/02/02/215641

SECTION 27 アラートを設定しよう

アラート機能では、メトリクスに対して、閾値による監視を設定することができます。たとえば「CPU使用率が一定以上になれば、メールを送る、Slackに通知する、電話を鳴らす」などです。

さっきからエルマスさんが言ってた「アラートでのお知らせ」って、このことなんだね。

そうよ。Webブラウザ上のMackerelからクリックで簡単に設定できるの。
ちなみに死活監視のアラートは元から設定されているわ。ホストの中にいるエージェントから通信がこなくなると、緊急事態としてこんな感じでお知らせしてくれるの。

▼死活監視のアラートが発動したところ

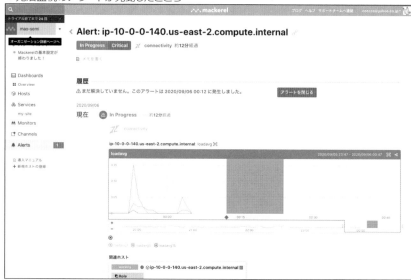

おおっ、カッコイイ！　でも、死活監視以外にも、自分でカスタマイズしたアラートを設定したいな。

それじゃ、新しくCPU使用率の監視ルールを設定して、アラートが鳴るとどうなるか試してみましょう。

今から新規追加したい
監視ルール

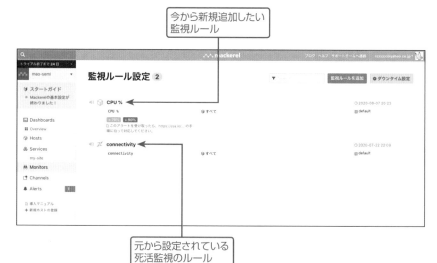

元から設定されている
死活監視のルール

6｜Mackerelで監視を始めよう

監視ルールを設定する

アラートを出すかどうかは、あらかじめ定めた監視ルールに沿ってMackerelが判定します。さっそく監視ルールを設定してみましょう。

❶ メニューから「Monitors」をクリックします。すでに1つ、監視ルールが設定されています。これは初めから設定されている監視ルールで、connectivity=死活監視をしてくれています。今回は新しい監視ルールを追加したいので、「監視ルールを追加」ボタンをクリックします。

❷ どんな監視ルールを追加したいか、選択肢が表示されます。今回はホストのCPU使用率を監視したいので、「ホストメトリック監視」をクリックします。

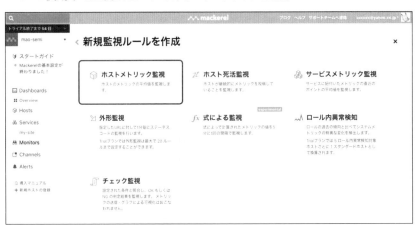

❸ ホストメトリック監視の設定画面が表示されます。メトリックの欄は、プルダウンで「CPU %」を選択します。閾値の欄は、Worningにはここまできたら警告してほしい数値、Criticalにはここまできたら致命的な数値を入力します。「3点の平均値」とは、1分前・2分前・3分前の移動平均を監視するという意味です。移動平均についてはCHAPTER 4で学びましたね。

6

Mackerelで監視を始めよう

❹ 下にスクロールします。絞込の欄は変更せず「All Services」のままで大丈夫です。基本設定の監視ルール名には「CPU %」、監視ルールのメモには、アラートを受け取った人に伝えたいことを書きます。最後に「作成」ボタンをクリックします。

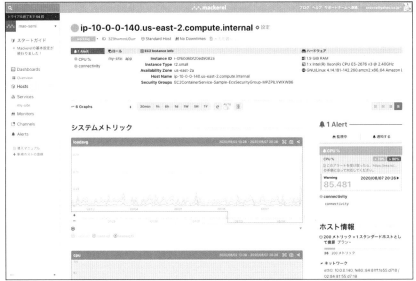 CPUに負荷を掛けてみよう

さて、アラートの設定が完了したので、わざとCPUに負荷を掛けて、ちゃんとアラートが発動するかテストしてみましょう。監視対象のサーバーにログインしたら、次のコマンドを実行し、意図的にCPUに負荷を掛けます。

```
$ yes > /dev/null
```

これは「y」を延々と出力してただ捨てるだけのコマンドです。そのまま、システムメトリックのページを見守ってみましょう。1分ごとにメトリックが更新され、グラフがぐんぐん伸びていきます。あらかじめ設定しておいた監視ルールまで到達すると、アラート表示が現れます。

▼CPUに負荷を掛けたところ

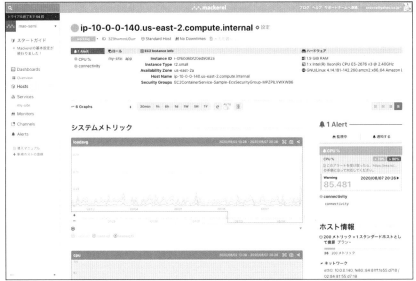

163

🖋 アラートの通知メールを見てみよう

　CPU使用率が監視ルールに到達すると、次のようにメールでお知らせが来ます。

▼アラート通知メールが届いた

　メールだけでなくSlackやLINE、Chatwork、Twilio、PagerDuty、Web hookにも通知することもできます。通知先は「Channels」→「通知グループ/通知チャンネルを追加」から簡単に複数設定できます。

▼通知先の設定

「Alerts」を確認してみよう

Mackerelのメニューから「Alerts」をクリックしてみましょう。アラートが発生すると「In Progress（進行中）」の欄にアラートが表示されます。

▼「Alerts」の確認

CPUに負荷を掛けるコマンドの停止

アラートが発動することが確認できたので、CPUに負荷をかけている`yes`コマンドを停止しましょう。コマンド実行中の画面を開き、Ctrlキー＋Cキーを押します。

```
[ec2-user@ip-10-0-0-140 ~]$ yes > /dev/null
^C
[ec2-user@ip-10-0-0-140 ~]$
```

上記のように別のコマンドが実行できる状態になれば、`yes`コマンドは停止されたことがわかります。

それでは再度、グラフの変化をシステムメトリックで観察してみましょう。急激に上がったCPU使用率とロードアベレージが、平常時に戻るのが確認できます。

▼CPU使用率とロードアベレージが平常時に戻った

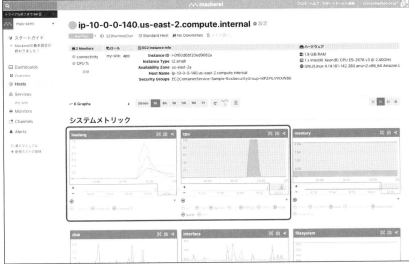

過去のアラート一覧を閲覧する

　今までの監視では、アラートの閉じ忘れがあると、どれが対応済かわからないという問題がありました。しかし、Mackerelは自動で判定してくれます。Warning/Critical状態からOK状態になれば、復旧完了報告の通知が自動で届くとともに、アラートは解決済に分類されます。

　どういうことか見てみましょう。

❶ Mackerelのメニューから「Alerts」をクリックします。先ほどのアラート表示は自動で消えて、代わりに「Closed」の欄に解決済のアラートが表示されています！　詳細を見るには「Closed」になっているアラートをクリックしてみましょう。

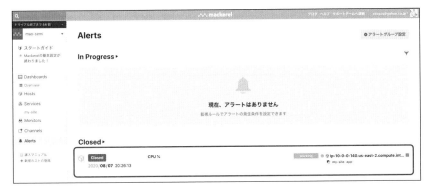

❷ 解決済のアラートの詳細が閲覧できます。

 すごい！　何時何分に何が起きたかがわかりやすく視覚化されてる!

 Mackerelは**ステータスが変わったとき**に通知してくれるわ。「OK→Warning→Critical→OK」の順に状態が遷移し、そのたびに通知してくれるというわけね。

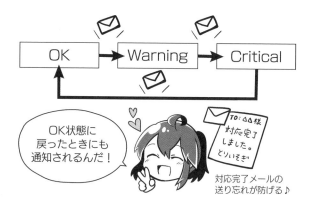

OK状態に戻ったときにも通知を送ってくれるのはすごく助かるね。「すでに対応完了してるのに、その報告メールを送るの忘れてた!　クライアントから電話が!」なんて悲劇が起こることも防げる。

そう、はてな社内という現場でドッグフーディング[3]しながらブラッシュアップしているからこそ、こういうところに技が光るのよね。

COLUMN memo欄を活用して、スムーズに対応できるようにしよう

監視ルールのmemo欄の活用方法を紹介します。

memo欄に書いておいた内容は、アラートと一緒に通知されます。ここに対処方法やサービスごとの留意点などを書いたドキュメントのURLを書いておくのがおすすめです。アラートを受け取った人がスムーズに対応できるようになりますよ。

Mackerel APP 15:28
[hatena] WARNING: Hatena-Star - 1 warning, 1 ok alerts View Alert Group
Memo:
☑ サービス情報 -> https://XXXXXXXXXXXXX
☑ アラート対応方法一覧-> https://XXXXXXXXXXXXXXX/アラート対応
☑ StarはXXXXXXXXXXXXXXXXXX-> https://XXXXXXXXXXXXX
対応
WARNING: XPF::Common::custom.rds.XXXXXXXXXXXXX
XXXXXXXXXXXXXX Alert
Show more

わかりやすいmemoを書いておけば、自分が対応できないときでも、他のメンバーがこれを見ながら対応できるね!

誰でも対応できるようにするというのは、サービスも安定するし、自分の負担も減るから良いことづくめだな。

※このコラムは下記のブログ記事を参考に執筆しています。

● Mackerel Developers Blog
　　　　　　「Mackerelを中心とした監視設計」(@t_kyt著)

URL https://developer.hatenastaff.com/entry/
　　　　　　　　　　　　2019/06/25/103632

6

Mackerelで監視を始めよう

1
2
3
4
5
6
7
8
9
A

---

[3]：ドッグフーディング(Dogfooding)とは、自社サービスを社員が日常的に利用し、サービスの改善に役立てること。

COLUMN　重要度に合わせてアラートの通知先を自在に設定

　私たちはCHAPTER 3で「なんでもかんでもアラートを鳴らせばいいというわけではない」ということを学びましたね(62ページ参照)。重要度の低いもの・高いものが、一様に同じレベル感で通知されたら、即対応が必要なアラートが埋もれてしまうことも……。

　そんな事態を避けるために、重要度に合わせてアラートの通知先を工夫しましょう。たとえば次の通りです。

- 重要度が低いもの……記録には残したいので、メールのみで通知
- 重要度が中程度のもの……SlackやLINEに通知
- 重要度が高く、即対応が必要なもの……電話やSMSに通知できるサービスTwilioで通知

　Slack内のどのチャンネルに投稿するかも指定可能です。重要度に合わせて投稿チャンネルを変えて、Slack側で「このチャンネルは常に通知」「このチャンネルは業務時間中のみ通知」といった具合に設定するのもいいでしょう。

　社内のメンバーが普段よく使っているツールに合わせて設定することで、ストレスも見逃しも減らせます。

　次の図は「Channels」→「通知グループ/通知チャンネルを追加」から「Slack」を選択したところです。何を通知して何を通知しないかを選択することができます。

▼Slackの設定画面

6 | Mackerelで監視を始めよう

簡単！ URLで外形監視してみよう

先ほどから、エージェントをインストールする方法を解説してきましたが、もちろんURLのみでの外形監視もできます。

URLだけ使って、外から監視してみる

❶ 左側メニューの「Monitors」→「監視ルールを追加」→「外形監視」をクリックします。

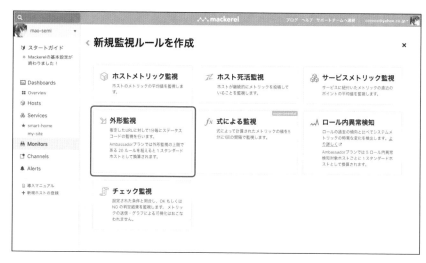

❷ 「External Http」タブを選択し、各項目を入力・設定して作成ボタンをクリックします。

❸ オプションで、証明書の有効期限の監視も設定できます。例として、60日前に Warning、30日前にCriticalが発生するように設定してみました。

URLさえあれば外形監視できるんだ！　簡単！

「エージェントのインストールがちょっと億劫」という方は、まずは
Trialプランで外形監視だけ設定してみるのもいいかもね。監視
先20個までは無料だし。

これを設定しておけば、エラー系ステータスコードが発生すれば
通知ですぐ気付けるし、オプションも設定すれば「証明書の更新、
忘れてた！」なんて事態も防げるね。

SECTION 28　その他の機能を見てみよう

Mackerelは継続的に開発が続けられているプロダクトであり、日々新しい機能が追加されています。基本的な監視機能以外にも便利な機能がたくさんあります。そのいくつかをご紹介しましょう。

カスタムダッシュボード

Mackerelでは、サービス、ロール、ホストといったそれぞれの単位でグラフを閲覧できるダッシュボードが自動的に作成されます。しかし、場合によってはそれらをまたいで横断的にグラフを見たいときもあるでしょう。また、グラフ以外の表現でサーバーの状態を把握したい場合もあると思います。カスタムダッシュボードという機能を使うことで、ユーザーが自由にMackerelのダッシュボードをカスタマイズできます。

▼カスタムダッシュボード

> ‹ **新しいダッシュボードを作成**　　　　　　　　　　　　✕
>
> Example
>
> 📄 メモを書く
>
> カスタムURL ⑦ https://mackerel.io/orgs/example/dashboards/ example
>
> **Widgets** アイコンをドラッグ&ドロップしてウィジェットを作成できます。より詳しく ↗
>
> 〰️　9.17　M↓
>
> 作成　キャンセル

　カスタムダッシュボードでは「ウィジェット」と呼ばれるパーツを組み合わせて独自の画面を作ることができます。本稿執筆時点では、4つのウィジェットが利用可能です。

▼ウィジェット

ウィジェット	説明
グラフウィジェット	利用しているオーガニゼーション内で作成されたグラフを貼り付けるためのウィジェット
数値ウィジェット	取得したメトリックの最新の値を数値として表現するウィジェット
Markdownウィジェット	Markdown記法でリッチなテキストを表現するウィジェット
アラートステータスウィジェット	指定したサービス・ロールに所属しているすべてのホストのアラートの状態を表現するウィジェット

素敵!　見たい項目を集めて、オリジナルの画面を作ることができるんだね!

ロール内異常検知

ロール内異常検知は、機械学習の技術を使った監視設定です。監視対象のロールを指定すると、Mackerelはそのロール内のサーバーの「普段の傾向」を学習します。そして、その傾向から外れた値に対してアラートを出します。

たとえば、APIサーバーを意味するロールのCPU使用率を監視対象としたとします。このサーバーは普段はCPU使用率が平日は20〜40%くらいの幅で、土日は少し負荷が上がって50〜60%くらいの幅で稼働しています。Mackerelはこの傾向を学習します。

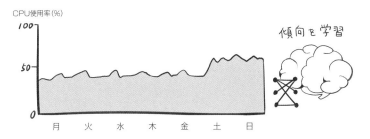

このサーバーで、平日に普段とは異なる負荷が発生してCPU使用率が60%に跳ね上がったとすると、Mackerelはいつもと異なる傾向の変化を察知し、アラートを発生させます。

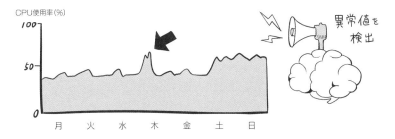

前提として、ロールに設定されている複数のサーバーは、同じ役割のものが所属しているため、傾向が似通ったものになると想定しています。そのため、たとえば「DB」ロールにアクティブとスタンバイ、などの傾向の異なるサーバーが混在している場合は、学習がうまくいかないので注意してください。

アラートグループ

　システムに問題が発生している場合、障害に起因してサーバーのあらゆる箇所が影響を受けます。たとえば、データベースに重いクエリが投げ込まれた場合、障害の直接の原因としてスロークエリーのアラートが発生するでしょう。そうすると、それに引きずられてリクエストに対するレスポンスが遅延するので、そこでもアラートが発生することになります。データベースサーバーのloadavgも増大し、ここでもアラートが発生しそうです。

　このように、障害が発生した場合、多くの場合において複数のアラートが通知されることになります。これをメールやチャットツールなどに連携していると、連携先のメールボックスやチャットのログがアラート通知で埋め尽くされてしまいます。

　このような状況を抑制し、アラートをひとまとめにして管理するための機能がアラートグループです。

▼アラートグループ

　アラートグループを設定することで、関連する複数のアラートがグルーピングされ、通知はアラートグループの単位で行われるようになります。また、それぞれの個別のアラートの発生・解消の状況が時系列で表現されるので、すべてのアラートの解消後に状況を振り返る際にも便利です。

はてなでの実例

Mackerelは株式会社はてなの社内システムとして産声をあげました。はてなでは「はてなブックマーク」「はてなブログ」といったサービスを運用するために数千台のサーバーを管理する必要があります。そのために社内システムとして作られたのが初代Mackerelです。今こうして皆さんに提供しているSaaS版のMackerelは3代目になります。

Mackerelはこのような誕生の経緯もあって、はてなのサーバー管理のノウハウがパッケージングされています。わかばちゃんが紹介してくれた「サービス」や「ロール」といった考え方はそのノウハウが活かされたものです。

「サービス」はその名の通り、社内で運用されている各種サービスの単位で設定されています。「Hatena-Blog」「Hatena-Bookmark」といったサービスが登録されています。

「ロール」は役割ごとに定義づけられています。APIサーバーを意味する「backend-api」やバッチサーバーを意味する「backend-batch」のように分類され、それぞれのロールに複数のサーバーが紐付けられています。Mackerelそのものもドッグフーディングを兼ねてMackerelで監視されています。Mackerelは複数のサブシステムで構成されているので、そのサブシステムごとにさまざまなロールを設定しています。Mackerel全体を構成するサーバー群は本稿執筆の現在、全体でおよそ50ほどのロールに分割されて管理されています。

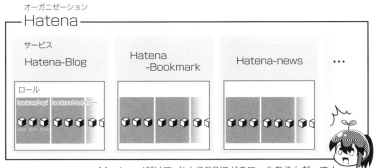

Mackerelだけで、およそ50ほどのロールあるんだって！

アラートは社内のコミュニケーション主体として利用しているSlackに連携されていて、すぐさまエンジニアにメンションが飛ぶようになっています。受信したアラートが深刻なものであった場合は、それを受けて障害対応のフォーメーションが取られます。

COLUMN　200週連続リリース。進化し続けるMackerel

　2018年7月にMackerelはローンチ以来「200週連続新機能リリース」を達成しました（https://mackerel.io/ja/blog/entry/announcement/20180705）。システム運用の技術はここ数年で大きく変わっています。物理的なサーバー上で直接システムが動いていた時代から、仮想化技術が進化し、サーバー上に複数の仮想環境を構築することは当たり前になりました。クラウドプラットフォームを使った運用も一般的になり、昨今ではコンテナ技術も浸透しています。

　運用の基盤となる技術が変化すれば、当然それに対する管理や監視の手法も変化します。自前でこういった変化に追随しながら監視サーバーを運用するのは大変なので、SaaSを利用するメリットはまさにこのためにあるといえます。

　Mackerel自身の運用環境もローンチ後5年の間に大きく変化しました。当初のMackerelは、データセンターに設置されたサーバーの仮想環境上で運用されていました。その後、サービスの成長に伴ってスケールアップに対応しやすい環境として、全面AWSへの移行を行いました。機能の追加に伴ったマイクロサービス化も進んでいます。外形監視やクラウドインテグレーション、異常検知の学習や予測の機能などは、本体から分離したサブシステムとして構築されています。現在は、コンテナ化のプロジェクトが進行中です。

COLUMN 障害対応演習

監視設定を
すればいいのは
わかったけど

どういう
設定に
すればいいか
難しい…

ポチ

ポチ

そういうときは
障害対応演習を
やってみるといいですよ

株式会社はてな
Mackerelチームディレクター
粕谷大輔氏

ステージング環境などで
データベースを止めるとか

×
DB App

サーバー台数を
半分にしてみるとか

わざと障害が
起きるような状態にして

メトリクスが
どういう傾向になるかを
調べるんです

すると

6 | Mackerelで監視を始めよう

CHAPTER 6のまとめ

- Mackerelは SaaS型（Software as a Service）
  - 監視サーバーの用意、メンテナンス、アップデートまで提供してくれる
  - いきなりWebサービスとして監視を始められる

- Mackerel導入方法
  1. ユーザー登録をする
  2. 新規ホストを登録する
  3. サービスを作る
  4. ロールを作る
  5. ホストにロールを紐付ける

- アラートの設定
  - まずは監視ルールを設定する
  - ステータスに変化があるたび通知される（OK→Worning→Critical ）
  - 重要度に合わせて、アラートの通知先を自在に設定可能

- その他の機能
  - URL外形監視
    - URLを設定するだけでできる簡単な監視機能
    - 証明書の有効期限の監視も設定可能
  - カスタムダッシュボード
    - グラフや数値を好きなようにレイアウトできる機能
  - ロール内異常検知
    - 機械学習の技術を使い、傾向から外れた値に対してアラートを出せる機能

CHAPTER 7

プラグインを
活用しよう

プラグインとは

mackerel-agentをそのまま使うだけでも監視はできますが、他にも監視したいデータがあるかもしれません。たとえば「Dockerコンテナの監視がしたい」「SQLコマンドの種類別実行回数を計測したい」などです。

そんなときは、mackerel-agentに機能を追加できるプラグインが便利です。

エージェントくんに好きな機能をプラスできるんだね!

プラグインの種類

Mackerelのプラグインは、取得するデータの種類によって次の3種類に分けられます。

- メトリックプラグイン
- チェックプラグイン
- メタデータプラグイン

◆ メトリックプラグイン

メトリックプラグインは、時系列の数値データを投稿するプラグインです。

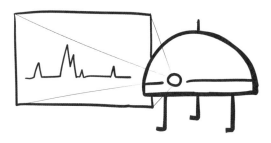

◆ チェックプラグイン

　チェックプラグインは、ホスト内で「OK／NG」、または「CRITICAL／WAR NING／UNKNOWN」の判定を行い、その判定結果をMackerelに対して投稿するプラグインです。

◆ メタデータプラグイン

　メタデータプラグインは、各ホストに任意のJSONデータを登録するプラグインです。

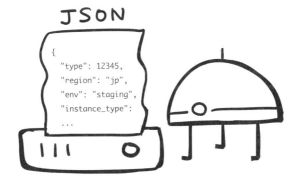

 メトリックっていうのは、数値で表示できるデータのことだよね。折れ線グラフが描けるイメージ。

 そうね。対して、チェックというのは数値ではなく、OKやNGといった判定がMackerel上で表示されることになるわ。

Mackerelの公式プラグイン集

Mackerelの公式プラグイン集は2種類あります。「公式プラグイン集」と「公式チェックプラグイン集」です。

それぞれの特徴は次の通りです。

公式プラグイン集

ミドルウェアの監視がしたいなら公式プラグイン集（mackerel-agent-plugins）を利用するとよいでしょう。

公式プラグイン集に同梱されているプラグインの例は次の通りです。

- Linuxの書き込み/読み込み時間や、ネットワークの状態を監視できる「mackerel-plugin-linux」
- Dockerコンテナを監視できる「mackerel-plugin-docker」
- SQLコマンドの種類別実行回数やJOIN回数などを監視できる「mackerel-plugin-mysql」

同梱プラグイン一覧はGitHubのREADMEにまとまっています。

URL https://github.com/mackerelio/
mackerel-agent-plugins#mackerel-agent-plugins--

▼公式プラグイン集の同梱プラグイン一覧

README.md

mackerel-agent-plugins `build` `passing`

This is the official plugin pack for mackerel-agent, a piece of software which is installed on your hosts to collect metrics and events and send them to Mackerel.

Detailed specs of plugins can be viewed here: ENG mackerel-agent specifications, JPN mackerel-agent 仕様.

Documentation for each plugin is located in its respective sub directory.

- mackerel-plugin-accesslog
- mackerel-plugin-apache2
- mackerel-plugin-aws-cloudfront
- mackerel-plugin-aws-dynamodb
- mackerel-plugin-aws-ec2-cpucredit
- mackerel-plugin-aws-ec2-ebs
- mackerel-plugin-aws-elasticache
- mackerel-plugin-aws-elasticsearch

公式チェックプラグイン集

ログやプロセス、ポートの監視がしたいなら、公式チェックプラグイン集（mackerel-check-plugins）を利用するとよいでしょう。

同梱されているプラグインの例は次の通りです。

- ログ監視ができる「check-log」
- プロセス監視ができる「check-procs」
- TCPサーバーの監視ができる「check-tcp」

同梱プラグイン一覧はGitHubのREADMEにまとまっています。

> **URL** https://github.com/mackerelio/
> go-check-plugins#go-check-plugins

▼公式チェックプラグイン集の同梱プラグイン一覧

README.md

go-check-plugins

Check Plugins for monitoring written in golang.

Documentation for each plugin is located in its respective sub directory.

- check-aws-cloudwatch-logs
- check-aws-sqs-queue-size
- check-cert-file
- check-disk
- check-elasticsearch
- check-file-age
- check-file-size
- check-http
- check-jmx-jolokia
- check-ldap
- check-load
- check-log
- check-mailq
- check-masterha
- check-memcached
- check-mysql
- check-ntpoffset
- check-ntservice
- check-ping
- check-postgresql
- check-procs
- check-redis
- check-smtp
- check-solr
- check-ssh
- check-ssl-cert

7 プラグインを活用しよう

よく使われているプラグインのトップ10

公式プラグインのリストを見てみたら、たくさんあるんだね〜。多すぎてどのプラグインを使えばいいかわからないよ。

よく使われているプラグインのランキングが公開されているから、参考にするといいわ。

順位	プラグイン名	利用度スコア[1]
1	linux	7.3
2	mysql	4.4
3	nginx	3.4
4	apache2	3.3
5	docker	2.3
6	redis	1.2
7	accesslog	1.1
8	conntrack	1.1
9	jvm	1.1
10	inode	1

出典：Mackerel Developers Blog「利用状況から見るMackerelで人気のメトリックプラグイン トップ10」(@syou6162著)
　　　https://mackerel.io/ja/blog/entry/mackerel_metric_plugin_ranking

[1]：利用度スコアは第10位の利用数を1としたときの相対値を表しています。

公式プラグインを
使ってみよう

では、公式プラグインを実際に使ってみましょう。大まかな流れは次の通りです。

1 公式プラグイン集を監視対象のサーバーにインストールする

2 「mackerel-agent.conf」にプラグイン設定を追記する

3 エージェントを再起動する

4 プラグインをコマンドで実行してみる

5 Web上でメトリクスを確認してみる

 今回使うのは、公式プラグイン集の中でも特に使われている「mackerel-plugin-linux」というプラグインよ。

 さっきの人気ランキングで1位になってたプラグインだね!

 Linuxサーバーを使っているなら必須ともいえるプラグインね。このプラグインを使うことで、ディスクの読み込み/書き込み時間、割り込み処理回数、ネットワーク状態、ログイン中のユーザーなどを監視できるようになるわ。

🖌 プラグインのインストール

プラグインを使うには、まず監視対象のサーバーにプラグイン集をインストールする必要があります。サーバーにログインした状態で、次のコマンドで公式プラグイン集をインストールしましょう。

```
$ sudo yum install -y mackerel-agent-plugins
```

「完了しました!」と表示されればインストール完了です。

```
================================================================
インストール中:
 mackerel-agent-plugins        x86_64        0.62.0-1.amzn2        mackerel        8.0 M
トランザクションの要約
================================================================
インストール  1 パッケージ

総ダウンロード容量: 8.0 M
インストール容量: 28 M
Downloading packages:
mackerel-agent-plugins-0.62.0-1.amzn2.x86_64.rpm                     | 8.0 MB  00:00:02
Running transaction check
Running transaction test
Transaction test succeeded
Running transaction
  インストール中         : mackerel-agent-plugins-0.62.0-1.amzn2.x86_64                1/1
  検証中                 : mackerel-agent-plugins-0.62.0-1.amzn2.x86_64                1/1

インストール:
  mackerel-agent-plugins.x86_64 0:0.62.0-1.amzn2

完了しました!
[ec2-user@ip-10-0-0-140 ~]$
```

🎈 プラグイン設定の追記

mackerel-agentの設定ファイル /etc/mackerel-agent/mackerel-agent. conf にプラグインを利用するための設定を追記します。

まずは次のコマンドで、mackerel-agent.conf に何が書いてあるか見てみましょう。

```
$ cat /etc/mackerel-agent/mackerel-agent.conf
```

▼mackerel-agent.conf

```
apikey = "XXXXXXXXXXXXXXXXX"
# pidfile = "/var/run/mackerel-agent.pid"
# root = "/var/lib/mackerel-agent"
# verbose = false
# apikey = ""

# [host_status]
# on_start = "working"
# on_stop  = "poweroff"
… (以下省略) …
```

1行目の「apikey」の中身は見覚えがあるよ！ エージェントをインストールするときに私が入力したものが設定されているんだね。でも、このサーバーの中にあるファイルをどうやって編集すればいいの？

コマンドでやればいいのよ。次の通りやってみてね。

```
$ sudo sh << SCRIPT
cat >>/etc/mackerel-agent/mackerel-agent.conf <<'EOF';
[plugin.metrics.linux]
command = "mackerel-plugin-linux"
EOF
SCRIPT
```

えっと……これは何をしてるのかな？

設定ファイル「mackerel-agent.conf」に、シェルスクリプトを使って2行追加しただけよ。EOFはファイルの終端を表しているわ。End Of File（エンド・オブ・ファイル）の略よ。

本当に、これで追記されたの？

ためしに、さっきの「cat」コマンドで確認してみたら？

あ、そっか!

```
$ cat /etc/mackerel-agent/mackerel-agent.conf
```

7

プラグインを活用しよう

▼mackerel-agent.conf

```
...(中略)...
[plugin.metrics.linux]
command = "mackerel-plugin-linux"
```

 本当だ！　最後の行に2行追加されてる!

 ローカルで編集してサーバーにアップロードし直すより、この方が早くて簡単でしょ♪

🖋 エージェントの再起動

　最後に、エージェントを再起動させる必要があります。先ほど更新した設定ファイルをエージェントに反映させるためです。次のコマンドでエージェントを再起動させます。

```
$ sudo systemctl restart mackerel-agent
```

 実行したけど何も起こらないよ？

 うん、反応が返ってくることはないけど、これでOKよ。プラグインがちゃんと動いているかは次のステップで確認してみましょう。

🖋 コマンドによるプラグインの実行

　設定後、プラグインはエージェントが自動で実行して、自動でMackerelにデータを送ってくれます。それとは別に、コマンドで手動実行してデータの中身を確認することもできます。

　次のコマンドを実行して、どのようなデータがとれているか見てみましょう。

```
$ sudo mackerel-plugin-linux
```

```
[ec2-user@ip-10-0-0-140 ~]$ sudo mackerel-plugin-linux
2020/08/18 16:04:05 forks does not exist at last fetch
linux.users.users    1.000000        1597766645
2020/08/18 16:04:05 pswpin does not exist at last fetch
2020/08/18 16:04:05 pswpout does not exist at last fetch
linux.ss.ESTAB  135.000000      1597766645
linux.ss.TIME-WAIT   2.000000        1597766645
linux.ss.UNCONN 61.000000       1597766645
linux.ss.LISTEN 47.000000       1597766645
2020/08/18 16:04:05 iotime_xvda does not exist at last fetch
2020/08/18 16:04:05 iotime_weighted_xvda does not exist at last fetch
2020/08/18 16:04:05 tsreading_xvda does not exist at last fetch
2020/08/18 16:04:05 tswriting_xvda does not exist at last fetch
2020/08/18 16:04:05 interrupts does not exist at last fetch
2020/08/18 16:04:05 context_switches does not exist at last fetch
[ec2-user@ip-10-0-0-140 ~]$
```

上記のように表示されましたか?

エージェントは「メトリック名　メトリック数　時刻」という形式で
データを送っているの。スペースのように見えるのはタブ文字よ。

どれどれ、1行目はメトリック名「linux.ss.ESTAB」、メトリック数
「135.000000」、時刻の欄は……あれ? 「1597766645」って
意味不明な数字の羅列になってるけど?

ええ、それが時刻であってるわ。「UNIX時間」というもので、コン
ピューターシステム上での時刻表現の一種よ。

UNIX時間!?

簡単に言うと、1970年1月1日午前0時0分0秒からの経過秒数
（形式上）よ。

なるほど! 「1970年のその時点から、今は1597766645秒経っ
たよ」ってことなんだ。たしかに、コンピューターの特性上、ただ繰
り上がっていくだけの方が何かと都合が良さそうだね。2000年問
題が大ごとにならなかったのも、根幹ではUNIX時間を使っていた
から、アプリケーションレベルで修正がしやすかったからかも。

わかばちゃん、2000年問題なんてよく知ってるわね。そういうわ
けで、内部では「UNIX時刻」が使われているの。で、これらのデー
タがMackerelに送られ、変換されて、グラフとして視覚化される
というわけ。

7

プラグインを活用しよう

メトリクスの確認

では、最後にWeb上でメトリクスを確認してみましょう。プラグインで追加したメトリクスは「カスタムメトリック」という欄に自動で現れます。

▼カスタムメトリック

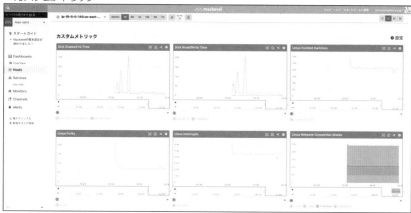

すごい! すでにグラフが描かれているよ! Webブラウザ上から設定しなくても、勝手に描画されるからラクチンだね!

34 プラグインを自作してみよう

　Mackerel公式のプラグインはたくさんありますが、「こんな機能もあれば
いいのに」と思うときがあるかもしれません。そんなときは、プラグインを自
作することもできます。

 わかばちゃん、プラグインを自分で作ってみるっていうのはどう？

 ええっ、でも公式プラグインを見たらGo言語で書かれているし
……。Go言語を書いたことがない私には無理だよ。

 大丈夫！　自分が好きな言語で書けるよ。たとえばメトリックプラ
グインなら、「メトリック名　メトリック数　時刻」の形式で出力さ
えできればいいの。

▼メトリックプラグインの出力形式

```
{metric name}\t{metric value}\t{epoch seconds}
```

※「/t」はタブ文字

 これって、さっきプラグインをコマンドで実行したときに表示された
形式だね！　何の言語で書かれているかは関係なくて、アウトプット
がその形式になってればいいんだ。　それならできるかも！

 では、サンプルとして「そのホスト上に存在している全プロセス数
を監視するためのメトリックプラグイン」を自作してみましょう。

　プラグインを自作する大まかな流れは、次の通りです。

1 空のスクリプトファイルを作成する

2 ファイルにコードを書き込む

3 実行権限を与える

4 コマンドで実行してみる

5 問題なければ、エージェントを再起動する

📝 空のスクリプトファイルの作成

まずは空のスクリプトファイルを作成して開きます。ここでは例としてシェルスクリプトで作ろうと思うので、ファイル名を「 test.sh 」とします。

```
$ sudo vi /etc/mackerel-agent/test.sh
```

　　「vi」っていうのはテキストを編集するためのコマンドよ。

📝 コードの書き込み

ファイルを編集できる画面が開くので、「a」キーを押して編集モードにし、次のシェルスクリプトを書き込みます。

▼test.sh

```
#!/bin/sh

metric_name="test_metric.number"
metric=`ps aux | wc -l`
date=`date +%s`

echo  -e "${metric_name}\t${metric}\t${date}"
```

書き込んだら、「Esc」キーで編集モードから離脱します。そして「ZZ」とタイピングすることで、ファイルを保存してviを閉じます。

ちゃんと書き込まれたか確認するには cat コマンドで見てみましょう。

```
$ cat /etc/mackerel-agent/test.sh
```

COLUMN 「ps aux | wc -l」って何してるの?

「ps aux」って何?

「ps」は現在実行されているプロセスを表示するコマンドよ。

うん、「ps」はprocessっていう単語の略っていうのはなんとなくわかるけど、「aux」って何の略なのかな?

「aux」は何かの単語の略というわけではないの。「a」「u」「x」がそれぞれ個別のオプションよ。

へぇ～! そうなんだ! じゃあ「axu」でも「uax」でも同じ結果が出力されるってわけか。

▼オプションを付けずに「$ ps」を実行した場合

```
[ec2-user@ip-10-0-0-140 ~]$ ps
  PID TTY          TIME CMD
  850 pts/0    00:00:00 ps
 3620 pts/0    00:00:00 bash
```

▼「$ ps aux」を実行した場合

```
[ec2-user@ip-10-0-0-140 ~]$ ps aux
USER       PID %CPU %MEM    VSZ   RSS TTY      STAT START   TIME COMMAND
root         1  0.0  0.2 125608  5524 ?        Ss   7月22    2:30 /usr/lib/systemd/systemd
root         2  0.0  0.0      0     0 ?        S    7月22    0:00 [kthreadd]
root         4  0.0  0.0      0     0 ?        I<   7月22    0:00 [kworker/0:0H]
root         6  0.0  0.0      0     0 ?        I<   7月22    0:00 [mm_percpu_wq]
root         7  0.0  0.0      0     0 ?        S    7月22    0:19 [ksoftirqd/0]
root         8  0.0  0.0      0     0 ?        I    7月22    0:32 [rcu_sched]
root         9  0.0  0.0      0     0 ?        I    7月22    0:00 [rcu_bh]
root        10  0.0  0.0      0     0 ?        S    7月22    0:00 [migration/0]
root        11  0.0  0.0      0     0 ?        S    7月22    0:05 [watchdog/0]
root        12  0.0  0.0      0     0 ?        S    7月22    0:00 [cpuhp/0]
root        14  0.0  0.0      0     0 ?        S    7月22    0:00 [kdevtmpfs]
root        15  0.0  0.0      0     0 ?        I<   7月22    0:00 [netns]
root        21  0.0  0.0      0     0 ?        S    7月22    0:00 [xenbus]
root        22  0.0  0.0      0     0 ?        S    7月22    0:00 [xenwatch]
root       172  0.0  0.0      0     0 ?        S    7月22    0:00 [khungtaskd]
root       173  0.0  0.0      0     0 ?        S    7月22    0:00 [oom_reaper]
root       174  0.0  0.0      0     0 ?        I<   7月22    0:00 [writeback]
root       176  0.0  0.0      0     0 ?        S    7月22    0:00 [kcompactd0]
```

7 プラグインを活用しよう

オプション	説明
a	全ユーザーの端末操作のプロセスを表示する
u	各プロセスの実行ユーザーやCPU、メモリ等の情報も表示する
x	端末操作のないプロセス(デーモンなど)も表示する

「a」と「x」を組み合わせることで、すべてのプロセスを表示できる。さらに「u」オプションも一緒に使うことで、どのユーザーの実行プロセスで、どれくらいCPUやメモリを食っているのかも表示されるわ。

ふむふむ。
次に疑問なのが、その後ろにある「| wc -l」なんだけど。これは何をしているの?

この棒線「|」はパイプといって、処理と処理を繋ぐ役割をしているわ。そして「wc」は文字数をカウントするコマンドよ。

ええっ、出力したいのは全プロセスの数でしょ。文字数をカウントしても意味ないんじゃ……?

その通り!　そこで「-l」オプションを使って、**行数**をカウントしているというわけ。ためしにサーバーにログインした状態で「$ ps aux | wc -l」だけを実行してごらんなさい。今動いている全プロセス数の合計が表示されるはずよ。

▼「$ ps aux | wc -l」の実行結果

```
[ec2-user@ip-10-0-0-140 ~]$ ps aux | wc -l
83
```

おおっ、83個って表示された!　なるほど、行数でプロセスの数を数えて、変数「metric」に代入しているんだ。シェルスクリプトって面白いね!

7 | プラグインを活用しよう

実行権限の設定

さて、現段階では `test.sh` の権限は `-rw-r--r--` になっていると思います。これだと実行権限 `x` がないため、エージェントがこのプラグインを実行できません。

そこで、次のコマンドで実行権限を付与しましょう。

```
$ sudo chmod +x test.sh
```

次のコマンドで、ちゃんと権限が変更できたか確認します。

```
$ ll /etc/mackerel-agent/test.sh
```

次のように表示されればOKです。

```
-rwxr-xr-x 1 root root 137  8月 18 17:36 /etc/mackerel-agent/test.sh
```

コマンドによるプラグインの実行

ちゃんと狙ったデータがとれているか、確認してみましょう。次のコマンドで、プラグインを手動実行します。

```
$ /etc/mackerel-agent/test.sh
```

```
[ec2-user@ip-10-0-0-140 ~]$ /etc/mackerel-agent/test.sh
test_metric.number      85      1597773134
```

無事、「メトリック名　メトリック数　時刻」の形式で出力されていますね!

🖌 エージェントの再起動

問題なければ、次のコマンドでエージェントを再起動します。

```
$ sudo systemctl restart mackerel-agent
```

おめでとうございます！ これでしばらく待てば、Mackerelのカスタムメトリックの欄で閲覧できるようになります！

> プラグインを自作するって、もっと難しいと思っていたけど、意外とすぐにできたね！

> 今回はシェルスクリプトで作ったけど、「メトリック名　メトリック数　時刻」で出力さえできればいいから、自分が好きなプログラミング言語で作ることができるわ。

「公式プラグインにはない機能けど、こういうメトリクスを取得したい」という場合は、ぜひプラグインを自作してみてはいかがでしょうか。なお、プラグインの自作については下記のブログ記事が参考になります。

URL https://blog.a-know.me/entry/2018/12/07/101433

COLUMN CLIツール「mkr」について

Mackerelにはmkrというコマンドラインツールがあります。mkrを使うと、わかばちゃんがターミナルでいろいろな操作をしているようにコマンドを入力するだけで直接Mackerelを操作することができます。

- ● CLIツールmkrを使う - Mackerel公式ドキュメント

  URL https://mackerel.io/ja/docs/entry/advanced/cli

mkrにはpluginのインストール機能もあり、`mkr plugin install mackerelio/mackerel-plugin-sample` というようなコマンドでpluginをインストールできます。

実はこの機能には公式プラグインだけでなく、皆さんが作ったpluginを登録することができるプラグインレジストリというものがあります。このレジストリに登録することで、自作のプラグインをまるで公式プラグインかのように簡単にMackerelユーザに提供できるようになります。

ぜひ皆さんも便利なプラグインをたくさん作って、Mackerelのユーザコミュニティに貢献してみてください。

- ● mkrのサードパーティプラグインインストール機能について -
  Mackerel公式ブログ

  URL https://mackerel.io/ja/blog/entry/feature/20171116

7
プラグインを活用しよう

CHAPTER 7のまとめ

- プラグインのタイプは3種類
  - メトリックプラグイン
    - ▷ 時系列の数値データを投稿するプラグイン
  - チェックプラグイン
    - ▷ ホスト内で「OK / NG」、または「CRITICAL / WARNING / UNKNOWN」の判定を行い、その判定結果を Mackerel に対して投稿するプラグイン
  - メタデータプラグイン
    - ▷ 各ホストに任意のJSONデータを登録するプラグイン

- 用意されている公式プラグインは2種類
  - ミドルウェアの監視がしたいなら
    - ▷ → 公式プラグイン集(mackerel-agent-plugins)
  - ログやプロセス、ポートの監視がしたいなら
    - ▷ → 公式チェックプラグイン集(mackerel-check-plugins)

- 公式プラグイン利用手順
  - 1 公式プラグイン集を監視対象のサーバーにインストールする
  - 2 「mackerel-agent.conf」に、使いたいプラグイン名と設定を追記する
  - 3 エージェントを再起動する

- プラグインを自作する手順
  - 1 自分の好きな言語でスクリプトファイルを作る(「{metric name}\t{metric value}\t{epoch seconds}」の形式で出力できればよい)
  - 2 作ったスクリプトファイルに実行権限を与える
  - 3 コマンドでプラグインを手動実行してみる
  - 4 エージェントを再起動する

CHAPTER **8**

クラウド環境に
Mackerelを導入してみよう

クラウド環境への Mackerelの導入について

　Mackerelは、クラウドサービスの監視を得意としています。さらに、複数のサービスをまたがって利用するハイブリッドクラウドやマルチクラウドでも、Mackerel上で一元化して監視できます。

　この章では、クラウドサービスとMackerelを連携させる方法を紹介します。

Amazon Web Servicesと連携する

ここでは、Amazon Web Services（AWS）で構築したシステムを、Mackerelで監視できるようにしてみましょう。

AWSインテグレーションで、各種クラウド製品をまとめて監視する

AWSとMackerelを連携するには、AWSインテグレーションという機能で、AWSとMackerelを紐付けます。流れは次の通りです。

1 Mackerel上で取得した**外部ID**をAWSに登録する

2 AWS上で取得した**ロールARN**をMackerelに登録する

これによりクラウド製品を、まとめて管理・監視できます。

登録のされ方としては、AWSのクラウド製品1台がMackerelで1ホストとして登録され、Mackerelの課金対象のホスト数としてカウントされます。ホストの種類は、EC2についてはスタンダードホスト、その他の製品についてはマイクロホストとして認識されます。

2020年9月執筆時点では、次のAWSクラウド製品に対応しています。

- EC2
- ALB
- RDS
- Redshift
- SQS
- CloudFront
- Kinesis Data Streams
- ECS
- Step Functions
- Kinesis Data Firehose
- WAF
- ELB（CLB）
- NLB
- ElastiCache
- Lambda
- DynamoDB
- API Gateway
- S3・Elasticsearch Service
- SES
- EFS
- Batch

8 クラウド環境にMackerelを導入してみよう

▼AWSインテグレーションの登録画面

 AWSインテグレーションって何？
AWS側の機能なの？　Mackerel側の機能なの？

 Mackerel側の機能だよ。
仕組みとしては、AWSの「CloudWatch API」っていう名前のAPI
を使って、メトリクスを収集するんだ。これによって、mackerel-
agentなしでの監視を実現しているの。

 へぇ〜、それは便利！　mackerel-agentを1つひとつのホストに
インストールしなくても、自動でメトリクスを取得してくれるんだ。
でもその方法って、セキュリティ的に大丈夫なの？　外部から
AWS内部の情報をのぞけたり、操作できちゃったりするとまずい
よね？

 よくわかってるね。それを防ぐために、AWSの「IAM」という機能
を使うんだ。Identity and Access Management（アイデンティ
ティ管理とアクセス管理）の略だよ。

IAM？　またむずかしそうな横文字の機能が出てきた。

ううん、簡単な話だよ。これを見てごらん!

AWSでは、こんな感じで「wakaba」「elmas」「mao」といったアカウントに対して、それぞれに合わせた必要最低限のアクセス権限を設定できるというわけ。しかも、同じEC2に関する権限でも、権限レベルを変えられる。たとえば「この人はFullAccess（＝なんでもできる）」「この人はReadOnly（＝読み取りのみ）」といったようにね。

なるほど〜。じゃあ、今回はMackerel用にReadOnlyを許可するIAMユーザーを作ればいいってわけ？

うーん、惜しい！　今回はIAMロールというものを作って管理するよ。

- IAMユーザー
  - 「wakaba」「elmas」「mao」といった個人に必要最低限の操作権限を付与するための仕組み
- IAMロール
  - IAMユーザーやIAMグループではなく、外部のアカウントに対して、AWSの操作権限を付与するための仕組み
  - 外部IDを使って、AWSリソースへのアクセス権を第三者に付与できる
  - アクセスキーが不要なので、アクセスキーが漏れる心配がない

なるほど！　今回はMackerelという外部のアカウントにAWSの操作権限を与えたいから、**IAMロール**を使うってワケかぁ。

実はもう1つ、別の方法[1]もあるんだけど、セキュリティ保全の観点から、**IAMロール**を使った方法を強くおすすめするよ。

[1]：Access Key IDとSecret Access Keyを使う方法のこと。ただし、非推奨。

8
クラウド環境にMackerelを導入してみよう

✍AWSとMackerelを連携する手順

では、AWSとMackerelと連携する方法を解説します。

❶ Mackerelの左側メニューの一番上に表示されている自分のオーガニゼーション名をクリックし、オーガニゼーション詳細ページを開きます。「AWSインテグレーション」タブを選択し、「AWSインテグレーションを登録」ボタンをクリックします。

❷「ロールARN」欄が空欄ですね。ここには、これからAWS上でIAMロールを作ることで手に入れられる情報を、後ほど入力することになります。現段階では、まず「外部ID」欄の英数字をコピーしてください。

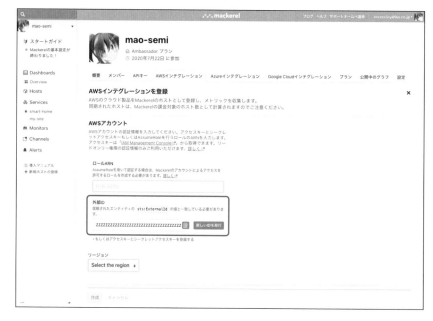

❸ ブラウザで「https://aws.amazon.com/jp/console/」にアクセスし、AWS
のマネジメントコンソールを開きます。「サービス」→「IAM」→「IAMロール」→
「ロールの作成」ボタンの順にクリックします。

❹ 「信頼されたエンティティの種類を選択」欄から「別のAWSアカウント」を選択
します。各項目を次のように設定します。
- 「アカウントID」には「217452466226」と入力する
- 「外部IDが必要」のチェックボックスをONにし、先ほどコピーしておいた英数
  字を「外部ID」にペーストする
- 「MFAが必要」はチェックボックスをOFFにする

この設定により、作成されたロールにはMackerelのアカウントしかアクセスで
きない状態になります。入力できたら「次のステップ: アクセス権限」ボタンをク
リックします。

8
クラウド環境にMackerelを導入してみよう

❺ さっき作ったMackerel用アカウントに、アクセス権限（ポリシー）を付与します。
与えたいポリシーのチェックボックスをONにします（使用していないクラウド製
品は登録しなくてOKです）。与えたいポリシーのチェックがONにできたら「次
のステップ：タグ」ボタンをクリックして次に進みます。設定するポリシーの例は
次の通りです。

- AmazonEC2ReadOnlyAccess
- AmazonRDSReadOnlyAccess
- AmazonElastiCacheReadOnlyAccess
- AWSLambdaReadOnlyAccess
- AmazonRedshiftReadOnlyAccess

AWSインテグレーションで使用するすべての権限を設定する場合、次のペー
ジをご参考ください。

- AWSインテグレーションで使用するIAMポリシー - Mackerel公式ドキュメント
  URL https://mackerel.io/ja/docs/entry/integrations/
  　　　　　　　　　　　　　　　　　　　aws#iam_policy

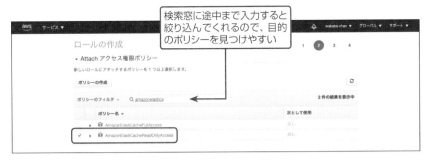

FullAccess権限を付与しないように気をつけてね!
Mackerelでは安全措置として、不必要に強い権限を与えていると、定期的にチェックして安全のためにメトリックの収集と投稿を停止してしまうので注意が必要だよ。

❻ タグの追加はオプションです。運用上、このMackerel用のIAMロールにタグ付けしたい場合は入力します。不要な場合は入力しなくてOKです。「次のステップ:確認」ボタンをクリックして次に進みます。

❼ ロール名を指定してロールを作成します。MackerelのAWSインテグレーショ
ンで使用していることがわかりやすい名前をつけましょう（例：「MackerelAWS
IntegrationRole」）。「ロールの作成」ボタンをクリックします。

❽ ロールが作成されたら、ロール一覧画面になります。一覧から、先ほど作った
ロール「MackerelAWSIntegrationRole」をクリックします。

8
クラウド環境にMackerelを導入してみよう

❾「ロールARN」をコピーします。

❿ ここからはMackerel側に戻って操作していきます。AWSインテグレーションの設定ページの「ロールARN」の欄に、先ほどコピーしてきたものをペーストします。リージョン欄には、監視対象が使っているリージョンを選択します（例：東京リージョンを使っている場合、「ap-northeast-1」）。

⓫ 画面を下にスクロールし、メトリックを収集したいAWSサービスを選択していきます。このとき、Mackerel上のサービスとロールを指定して紐付けられます。ロールを新規作成したい場合は、左側メニューの「Services」→「ロールの追加」ボタンから追加できます。

⓬ 最後に、「基本設定」欄に、連携内容の名前を入力して「作成」ボタンをクリックします。この名前は、自分でわかりやすいものを自由に名付けられます。

⓭ これで設定完了です！　しばらくすると、AWSの各クラウド製品のインスタンスが Mackerelにホストとして登録され、メトリクスが投稿されます。後は、CHAPTER 5でやったように、監視ルールを設定して、異常があればアラートが通知されるようにしておきましょう。

タグによる絞り込み

「使っているクラウド製品が多すぎるので、特定のものだけ絞り込んで監視したい」という場合もあると思います。その問題を解決するために、Mackerelはタグによる絞り込み機能も備えています。

このタグというのは、AWS上で独自に付与できる印のことです。タグはいろいろな切り口での分類に使えます。たとえば、サーバーの役割や、本番環境か開発環境かなどを分類できます。

すでにAWS上のクラウド製品をタグ付けして整理しているなら、ぜひ使っていただきたい機能です。

❶ AWS上で、タグを取得するための権限を付与します。AWSのタグで絞り込むには、AWSインテグレーションの設定のために付与したポリシー以外に、次のアクションに対する権限が追加で必要になります。

- elasticache:ListTagsForResource
- sqs:ListQueueTags
- states:ListTagsForResource

❷ Mackerel上で、タグで絞り込む設定を行います。Mackerelの設定画面でタグを指定します。連携ホスト数を確認し、保存してください。例として、タグを「service:foo, service:bar」のように指定すると、キーが「service」で値が「foo」または「bar」であるタグが付与されているインスタンスが対象となります。

8

クラウド環境にMackerelを導入してみよう

タグを指定して登録するホストを絞り込む

指定したタグが付与されたクラウド製品のみをホストとして登録し、メトリックを収集します。除外するタグを指定すると、そのタグが付与されたクラウド製品はホストとして登録しません。

タグ

> service:foo, service:bar

除外タグ

> environment:staging

現在の連携ホスト数

ELB	RDS	ElastiCache
20	6	4

💰 料金を節約!　取得するメトリックを制限するには

　AWSインテグレーションを使った監視では、5分ごとに取得対象となるメトリックの数だけAWSのAPIをコールして値を取得します。よって、大規模環境ではAmazon CloudWatch APIの利用料金が発生する場合があります。CloudWatch APIの料金を減らすために、Mackerel側で取得するメトリックを制限できます。

　また、マイクロホストとしてカウントされるサービスだと、メトリック数が30を超えるごとに追加でマイクロホスト1台分の料金が加算されます。いくつかのマネージドサービスでは、デフォルトでメトリック数が30をこえるものもあるので、Mackerel側の料金を節約するためにメトリックを制限する場合もあります。

　次ページの図はAWSのクラウド製品Amazon Kinesis Data Streamsの「kinesis.latency.#.minimum」を取得しないようチェックボックスをOFFにした例です。この設定により、最大3メトリック(「GetRecords.Latency」「PutRecord.Latency」「PutRecords.Latency」)が削減されます。

8
クラウド環境にMackerelを導入してみよう

▼取得するメトリックの指定

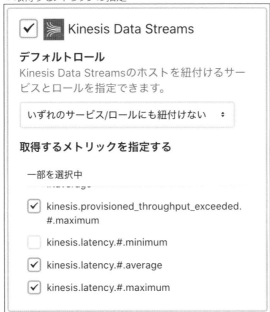

EC2の監視は「AWSインテグレーション+mackerel-agent」で

EC2の監視はどのようにするのがベストプラクティスでしょうか?

- **AWSインテグレーション**で簡易的な監視を行う
- より詳細な監視を行いたい場合に、**mackerel-agent**を導入する[2]

このように、両方を組み合わせる方法がおすすめです。

 あの〜、ちょっと疑問があるんだけど。

 どうしたの?

 私たちはすでにCHAPTER 5でEC2のインスタンスの監視を設定をしたよね? 監視対象にエージェントをインストールしたら、Mackerel上にホストが登録されてメトリクスが送られてくるってやつ。そのままAWSインテグレーションを導入したら、**ホストが二重に登録されてしまうんじゃないの?**

---

[2]:CHAPTER5でやったように、mackerel-agentを導入することで、公式プラグインや自作プラグインを用いた、柔軟な監視ができるようになります。

いい質問だね。エージェントからも、AWSインテグレーションからもメトリクスを取得したら、ホストがダブッちゃうんじゃないの?っていうのが不安なんだね。
大丈夫! その場合、自動的にMackerel上でホスト情報が統合されるよ。だから二重に課金されることはないんだ。

そうなんだ! Mackerel側でちゃんとひとつのホストとして認識されるんだね。それなら安心!

Microsoft Azureと連携する

　ここでは、Azureで構築したシステムを、Mackerelで監視できるようにしてみましょう。

Azureインテグレーションで、各種クラウド製品をまとめて監視する

　AzureとMackerelを連携するには、**Azureインテグレーション**という機能で、AzureとMackerelを紐付けます。流れは次の通りです。

1 Azure CLI 2.0をインストールする

2 CLIからAzureにログインする

3 サービスプリンシパルの設定をする

4 得られた出力結果3項目を、Mackerelの設定画面に入力する

　これによりクラウド製品を、まとめて管理・監視できます。

　登録のされ方としては、Azureのクラウド製品1台がMackerelで1ホストとして登録され、Mackerelの課金対象のホスト数としてカウントされます。ホストの種類は、Virtual Machinesについてはスタンダードホスト、その他の製品についてはマイクロホストとなります。

　また、5分ごとに取得対象となるメトリックの数だけAzureのAPIをコールして値を取得します。そのためAzure Monitor API利用の料金が発生する場合があるので注意してください。

　2020年9月執筆時点では、次のAzureクラウド製品に対応しています。

- SQL Database
- Cache for Redis
- Virtual Machines
- App Service
- Functions
- Load Balancer
- Database for MySQL
- Database for PostgreSQL

Azureインテグレーションの仕組みは、さっきのAWSと似ているよ。「Azure Monitor API」っていう名前のAPIを使って、メトリクスを収集している。

じゃ、さっきと同じように、APIにアクセスできる権限を付与する必要がありそうだね。

その通り。権限管理のために、AWSでは**IAM**という仕組みを使ったよね。Azureでは**サービスプリンシパル**っていう仕組みを使うよ。

サービスプリンシパル?

サービスプリンシパルとは、特定のAzureリソースにアクセスするのに使用するIDのことだよ。ユーザーIDよりも限られた権限を持つから、セキュリティ的により安心なんだ。

🖌 AzureとMackerelを連携する手順

では、AzureとMackerelと連携していきましょう。連携方法は2種類あります。

- コマンドラインで行う方法(Azure CLI 2.0で操作)
- Webブラウザ上で行う方法(Azure Portal上で操作)

本書ではコマンドラインでやる方法を紹介します。

※Webブラウザ上(Azure Portal上)で操作したい方は、Mackerel公式ヘルプを参考にしてください(https://mackerel.io/ja/docs/entry/integrations/azure#Azure-Portalを用いた連携方法)。

🖌 Azure CLI 2.0をインストールする

Azureをコマンドラインで操作するために、Azure CLI 2.0をインストールします。

Macの場合はHomebrewでインストールできます。

```
$ brew update && brew install azure-cli
```

クラウド環境にMackerelを導入してみよう

　Windowsの場合はAzureの公式サイトにインストーラーがあるので、ダウンロードして展開します。

URL https://docs.microsoft.com/en-us/cli/azure/
install-azure-cli-windows?tabs=azure-cli

CLIからAzureにログインする

次のコマンドでAzureにログインします。

```
$ az login
```

ブラウザが開くのでサインインします。

サービスプリンシパルの設定をする

　次のコマンドでサービスプリンシパルの設定をします。 `<YEARS>` の部分には、パスワードの有効期限を指定します。特に指定しなければ、デフォルトで1年となります（有効期限が切れると、再度設定するまでメトリック取得ができなくなるので注意してください）。

```
$ az ad sp create-for-rbac --role Reader --years <YEARS>
```

すると次のような出力結果が得られます。

```
{
  "appId": "abcdefgh-abcd-efgh-abcd-abcdefghijkl",
  "displayName": "azure-cli-2017-01-23-45-67-89",
  "name": "http://azure-cli-2017-01-23-45-67-89",
  "password": "foofoo-bar-bar-foo-foobarbaz",
  "tenantId": "12345678-1234-5678-1234-123456781234",
}
```

MackerelのAzureインテグレーション設定ページを開く

ここからはMackerel側で操作していきます。Mackerelの左側メニューの一番上に表示されている自分のオーガニゼーション名をクリックし、オーガニゼーション詳細ページを開きます。「Azureインテグレーション」タブを選択し、「Azureインテグレーションを登録」ボタンをクリックします。

得られた出力結果3項目をMackerelの設定画面に入力する

先ほどの出力結果のうち、次の3項目をMackerelのAzureインテグレーション設定画面に入力します。

CLIで得られた結果	Mackerelの入力欄
tenantId	テナントID
appId	クライアントID
password	シークレットキー

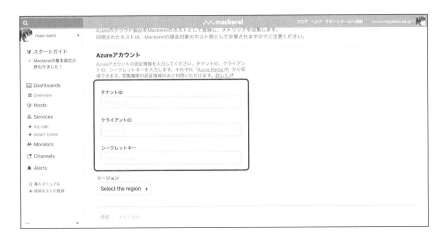

リージョン、サービスの部分も、Azureで使っているものを選択してください。選択したら「作成」ボタンをクリックします。

これで設定完了です！　しばらくすると、Azureの各クラウド製品のインスタンスがMackerelにホストとして登録され、メトリクスが投稿されます。後は、CHAPTER5でやったように、監視ルールを設定して、異常があればアラートが通知されるようにしておきましょう。

8

クラウド環境にMackerelを導入してみよう

Dockerを監視する

Dockerコンテナを監視するにはどうやればいいんだろう?

プラグインを使う方法と、Dockerイメージを使う方法があるよ。
それぞれ説明するね。

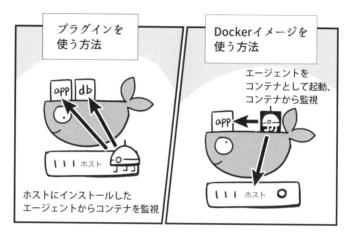

プラグインを使う方法

公式プラグインの中の「mackerel-plugin-docker」を使う方法を解説します。

mackerel-plugin-docker っていう
プラグインを使うよ

「mackerel-plugin-docker」プラグインを使うことで、次の項目を取得できるようになります。

- ホスト上で動作するDockerコンテナのCPU使用率
- メモリ消費量
- IO使用量(IOPS、転送バイト数とキュー長[3])

「mackerel-plugin-docker」を使ってDockerを監視するには、次のようにします。

❶ まずは公式プラグイン集をインストールします。インストール方法はCHAPTER 7の193ページで解説した通りです。

❷ 次に、下記の設定を、ホスト上の「/etc/mackerel-agent/mackerel-agent.conf」に追記します。

▼mackerel-agent.conf

```
[plugin.metrics.docker]
command = ["mackerel-plugin-docker", "-name-format", "name"]
```

❸ 最後に、先ほど書き加えた設定を反映させるため、エージェントを再起動します。

```
$ sudo systemctl restart mackerel-agent
```

起動しているDockerコンテナの情報が、Mackerelで閲覧できるようになりました。

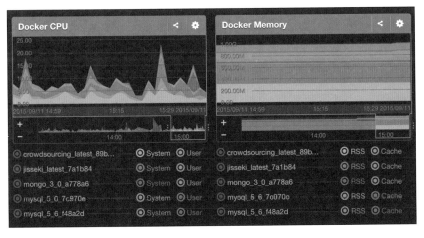

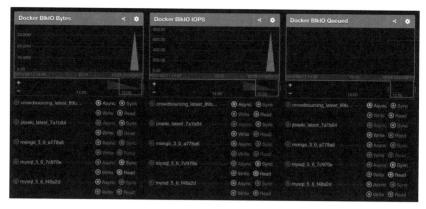

 わぁ、すごい！　ホスト上で起動しているDockerコンテナの情報が、さっそく送られてきた。

 コンテナを新しく起動すると自動的にグラフに項目が追加されるんだ。コンテナを終了すると数時間後に自動的にその項目が見れなくなるよ。

🖊 Dockerイメージを使う方法

「mackerel-agent」のDockerイメージを使って、「mackerel-agent」を1つのコンテナとして起動する方法を解説します。

Dockerイメージ「mackerel-agent」はDocker Hubで公開されています。

URL https://hub.docker.com/r/mackerel/mackerel-agent/

▼Docker Hubで公開されている「mackerel-agent」

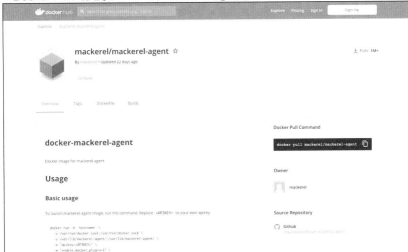

 このイメージを使うとどうなるの?

 これを利用することで、「mackerel-agent」を1つのコンテナとして起動することができて、ホストや他のコンテナを監視できるようになるんだ!

◆ mackerel-agentをコンテナとして起動しよう

mackerel-agentイメージを使ってコンテナを起動するには、次のコマンドを実行します。

```
$ docker run -h `hostname` \
  -v /var/run/docker.sock:/var/run/docker.sock \
  -v /var/lib/mackerel-agent/:/var/lib/mackerel-agent/ \
  -e 'apikey=<APIKEY>' \
  -e 'enable_docker_plugin=1' \
  -e 'auto_retirement=0' \
  -e 'opts=-v' \
  --name mackerel-agent \
  -d \
  mackerel/mackerel-agent
```

クラウド環境にMackerelを導入してみよう

項目	説明
\<APIKEY\>	自分の使っているオーガニゼーションのAPI KEYに置き換える
enable_docker_plugin	mackerel-plugin-dockerを動かすかどうかのフラグ
auto_retirement	コンテナ終了時にMackerel上のサーバーを自動的に退役させるかどうかのフラグ。デフォルトではOFFになっている
opts	mackerel-agentに渡される引数
--name	コンテナ名を指定

コマンドを打つとき、記号「\」は入力せずに、改行なしの一行で書いて実行してね。

やったー！ mackerel-agentのコンテナが起動したよ!

◆ 他のコンテナのプロセスを監視しよう

でも、このままではまだ他のコンテナの情報を見ることはできないみたい。

それもそのはず、コンテナというからには、他のコンテナとは隔離されていて、そのままでは他のコンテナの中身をのぞき見ることはできないんだ。

ええっ。じゃあどうすればいいの?

そこで、コンテナをつなぐためのDockerオプション「--link」の出番だよ! 「--link」オプションを使うことで、他のコンテナのIPアドレスや、ポート番号を取得できるようになるんだ。

クラウド環境にMackerelを導入してみよう

それでは例として、memcachedコンテナを監視する、mackerel-agentコンテナを起動してみましょう。

❶ まず、memcachedコンテナを「memcached」という名前で起動します。

```
$ docker run -d -P \
  --name memcached -p 11211:11211 \
  sylvainlasnier/memcached
```

❷ 次に、ホスト側（監視対象）にMackerelのmemcachedプラグインの設定ファイルを準備します。Dockerの「--link」オプションにより、環境変数「MEMCACHED_PORT_11211_TCP_ADDR」でそのコンテナのIPアドレスが取得できます。

```
% cat /etc/mackerel-agent/conf.d/memcached.conf
[plugin.metrics.memcached]
command = "mackerel-plugin-memcached -host=$MEMCACHED_PORT_11211_TCP_ADDR"
```

❸ 最後に、このmemcachedコンテナとリンクしたmackerel-agentコンテナを起動します。

```
$ docker run -h `hostname` \
  -v /var/run/docker.sock:/var/run/docker.sock \
  -v /var/lib/mackerel-agent/:/var/lib/mackerel-agent/ \
  -e 'apikey=<APIKEY>' \
  -e 'enable_docker_plugin=1' \
  -e 'auto_retirement=0' \
  -e 'opts=-v' \
  --link memcached:memcached \
  -v /etc/mackerel-agent/conf.d:/etc/mackerel-agent/conf.d:ro \
  -e 'include=/etc/mackerel-agent/conf.d/*.conf' \
  --name mackerel-agent \
  -d \
  mackerel/mackerel-agent
```

おおっ! 「--link memcached:memcached」で、memcached
コンテナとつないでるんだね。

そうそう。「--link [コンテナ名]:[エイリアス]」でコンテナをつな
ぐことができるんだ。
さらに、コンテナをつないだ状態で、「-v」オプションを使ってディ
レクトリをマウントしているんだ。

マウントはわかるよ。別のコンテナ(memcachedコンテナ)の中
にあるディレクトリを、今いるコンテナ(mackerel-agentコンテ
ナ)のディレクトリと同期させてるイメージね。

うん。その上、環境変数を作る「-e」オプションで、そのディレクト
リに「*.conf」、つまり「ナントカ.conf」というファイルがあったら
環境変数「include」に突っ込んで使ってねという命令になってい
るよ。

ナルホド! Dockerコマンドって長くてむずかしそうに見えるけ
ど、実は箇条書きで命令を書いてるだけなんだ。1つひとつ読み
解いていけば理解できるね!

CHAPTER 8のまとめ

- クラウドを監視する
  - Mackerelのインテグレーション機能で、各種クラウド製品をまとめて監視できる
    - ▷AWSインテグレーション
    - ▷Azureインテグレーション
    - ▷Google Cloudインテグレーション

- Dockerを監視する
  - プラグインを使う方法
    - ▷公式プラグインの中の「mackerel-plugin-docker」を使う
    - ▷「mackerel-agent.conf」に設定を追記する
    - ▷設定を反映させるため、エージェントを再起動する
  - Dockerイメージを使う方法
    - ▷「mackerel-agent」のDockerイメージを使い、「mackerel-agent」を1つのコンテナとして起動
    - ▷「--link」オプションでコンテナをつなぐことで、他のコンテナを監視できる

オブザーバビリティって何?

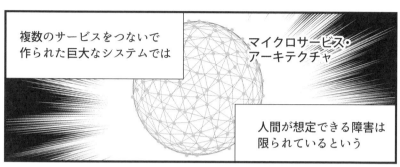

複数のサービスをつないで
作られた巨大なシステムでは

マイクロサービス・
アーキテクチャ

人間が想定できる障害は
限られているという

オブザーバビリティ
システム全体に障害は潜んでいる

テスティング

最大限の努力での
システムの
正常性チェック

最大限の努力での
障害時の
シミュレーション

モニタリング

予測可能な障害

参考：Distributed Systems Observability

想定外の障害も見据えて
**システム全体がどう動いているのか
を見ようとする**のが
オブザーバビリティだ

オブザーバビリティって最近よく聞くけど何？

オブザーバビリティには
テスティング…

つまり
テストも
含まれて
いるの?

そのとおり!

開発中のテストはもちろん
リリースされてからのテストも
行いながら
サービスのバグをいち早く
見つけて改善するんだ

テスティングは
サービスの**正常性**を
検証するためのもの

モニタリングは
サービスの**異常**を
知らせるもの

2つをそろえることで
システムをより**安定**させられる
というわけだね

オブザーバビリティとは

　最近、オブザーバビリティ(Observability)という単語がよく聞かれるようになりました。オブザーバビリティとは、日本語に訳すと可観測性という意味です。

オブザーバビリティの定義は人によって違うんだけど……僕なりに表現するならば、モニタリングは「想定内の障害に対して、動いているか・動いていないか?」を見る。オブザーバビリティは「想定外の障害も見据えて、システム全体がどう動いているのか?」を見る。

んん?　どういうこと?

57ページで見た、マイクロサービス・アーキテクチャの実際の図を覚えているかな?

▼実際のマイクロサービス・アーキテクチャ

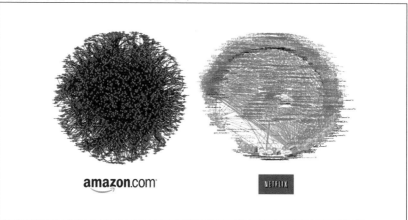

出典:「10 companies that implemented the microservice architecture and paved the way for others」(https://divante.com/blog/10-companies-that-implemented-the-microservice-architecture-and-paved-the-way-for-others/)

ヒェーッ!　悪夢、ふたたび……!

分散されたシステムは複雑すぎて、どんな障害が起きそうかを事前に予測するのは不可能だ。

しかも、こんなに散らばってたら、障害が起きても原因は迷宮入りじゃん。

そう！　だからすべてのコンポーネントを観測する。システム全体を見える化しておく。

観測……可観測。わかったぞ。つまり、**監視は「何が起きたか」を知る。オブザーバビリティは「なぜ起きたか」まで知れるようにする**ってこと？

いいぞ！　ちゃんと自分の言葉に落とし込んで理解しようとするのは大切だね。

✍ テスティングってどんなことをするの？

モニタリングは今まで学んできたからわかるけど、テスティング（テスト）って具体的にどういうことをやるのかよくわからないな。

そうだね。テストとひとくちに言っても、ソフトウェアの状態によって4段階に分類できる。そのうちいくつかを紹介するよ。

段階	手法	内容
プリプロダクション	ユニットテスト	プログラムが「単体で」正しく動くかどうかを検証する。あらかじめプログラムをテストするプログラムを書いておき、自動で実行する。細かいテストを大量に速く実行できる。スモールサイズテストともいう
	コンポーネントテスト	各コンポーネント間のつながりが正しいかどうか検証する。ミディアムサイズテストともいう
	ファンクショナルテスト	外部のAPIやDBと連結して動作するか確認するテスト。ラージサイズテストともいう
	Lintテスト	バグの原因になるコードの表記揺れ、曖昧な記述を修正する
	UI/UXテスト	スタートとゴールを設定し、ユーザーが無事にゴールまでたどりつくことができるか検証する
デプロイ	インテグレーションテスト	複数のシステムを合体させ、仕様書通りの挙動になっているか検証する
	負荷テスト	大量のアクセスを受けたり、大量のデータ処理を行ったりしたときに、どのくらいの負荷まで正しく動作するか検証する
リリース	カナリアリリース	一部のユーザーだけを新バージョンにアクセスさせる手法のこと(昔、カナリアを使って炭鉱で毒ガスを検知させていたことから、ユーザーをカナリアに見立てている)
	フィーチャフラグ	機能を個別にオン/オフできるフラグの管理機構のこと。「まず社内スタッフだけに有効化してテストしたい」「テスト環境でだけ有効化したい」といったときに、いちいちデプロイし直さなくていいようにする
ポストリリース	カオステスト	本番環境にわざと擬似的な障害を起こして、実際の障害にも耐えられるようにする手法
	A/Bテスト	AとBの2パターンを用意し、ユーザーをランダムに振り分けて比較・改善する手法

これで全部というわけではないけど、それでも相当な量だよね。全部のテストを完璧にできているソフトウェアがあったらすごすぎる。

カオステストって何!? 初めて聞いた!

まさにその名の通り、カオス（混沌）を作り出すテストだよ。カオステストに使われるツールとして、Netflixがオープンソースで公開しているChaos Monkeyっていうツールがあるんだけど、これはAWS上のインスタンスをランダムに落としまくるんだ。

ヒイッ！　なんてカオスなお猿さんなんだ！

※わかば想像図

カオスモンキー？

Netflixは、このChaos Monkeyを、エンジニアが出勤している昼間に本番環境で使っているんだ。「障害があることを日常として、あらゆる障害に対応できるようにする」という逆転の発想だね。

クラウド化によって**ペットから家畜**になったことで生まれた考え方だね。従来のペット的な扱いをしているサーバーなら、わざと壊すなんてとんでもない。だけど、クラウド時代はサーバーを家畜として扱っているから、簡単に壊して、すぐ復活させられるんだ！

トレースって何?

オブザーバビリティを実現するにはどういう要素をそろえればいいのかな?

「**ログ、メトリクス、トレース**という**3本の柱**をそろえよう!」といわれているよ(※さらに「イベントログ」を追加して、4本の柱として説明されることもあるよ)。

トレース……? 初めて聞く言葉だな。ログとメトリクスで充分じゃないの!?

ログは「いつ・誰が・何をしたか?」をデーモンが淡々と記録していく単なるテキスト行だけど、ユーザーの行動を細かく見ることができるというメリットがある。**メトリクス**は定期的に取得された数値の集合で、傾向をつかんで未来予測ができるといったメリットがある。

うんうん。それは今まで学んできたから知ってるよ。

でも、実はこの2つには満たせないものがある。ログもメトリクスも、**観測できる範囲は1つのコンポーネントの中だけ**なんだ。

むむっ。それはつまり、独立したコンポーネント同士のやり取りは見えにくいってこと?

そう! マイクロサービス・アーキテクチャは、小さなアプリケーションを大量につなげて作られている。すると、ログとメトリクスだけではリクエストの流れを追いにくくなるんだよね。

障害が起きたときも、どのサービスに問題があるのか見つけにくそうだね。

その通り。そこで**分散トレーシングシステム**が役立つんだ。独立したコンポーネント同士のやりとりを可視化することで、問題の原因を追求しやすくする。

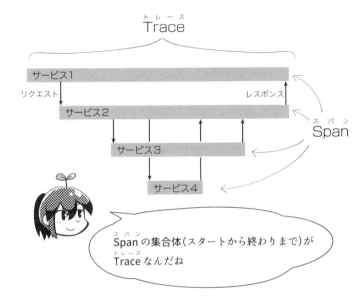

 Span の**集合体**(スタートから終わりまで)がTrace なんだね

 ほほう。それぞれの処理にかかった秒数が手に取るようにわかるね! こうやって原因を突き止めて改善につなげられるんだね。

9
A
オブザーバビリティって最近よく聞くけど何?

分散トレーシングシステム

ところで、分散トレーシングシステムってどんなものがあるの?

GoogleのDapperというツールを参考にしてTwitter社が開発したZipkin、Uber社が開発したJaegerなどがあるよ。オープンソースだから、試してみるといいかも。
例として、Zipkinの画面を見てみよう。各サービス間でのAPI呼び出し情報を収集して、次のように可視化してくれるよ。

▼Zipkin

※出典：Zipkin公式ページより（https://zipkin.io/）

ふむふむ！　こんなふうに可視化されるなら、どこが問題になっているかチェックしやすいね!

オブザーバビリティの成熟度を知ろう

　さて、オブザーバビリティについて説明してきましたが、いきなりすべてを実践するのはなかなか難しいです。そこで、New Relic社による「オブザーバビリティ 成熟モデル」が参考になります。

▼オブザーバビリティ 成熟モデル

Observability 成熟モデル

4	Data Driven: データ駆動
3	Predictive: 予測的対応
2	Proactive: 積極的対応
1	Reactive: 受動的対応
0	Getting Started: 計測を始める

※出典：New Relic社の資料「オブザーバビリティ成熟モデル」(https://speakerdeck.com/katzchang/obizababiriteicheng-shou-moderu)

📝「オブザーバビリティの成熟度」の4ステップ

オブザーバビリティの成熟度の4ステップは次のような内容です。

- 0. Getting Started：計測を始める
  - まずは基本的な項目からでいいので、計測してみる
- 1. Reactive:受動的対応
  - アラートに対応する
    - ▷アラートに気付けているか
    - ▷障害対応はすばやくできているか
    - ▷アラートのブラッシュアップ
- 2. Proactive：積極的対応
  - より踏み込んで対処する
    - ▷先回りして、問題になりそうな要素をつぶしていく
    - ▷よりパフォーマンスを上げられないか
- 3. Predictive：予測的対応
  - ちょうどよいスケーリングの具合を探す
  - わざとデータベースを壊す、一部のサービスを止めるなど、避難訓練を実施する
  - 実験的デプロイを行う
  - ログやメトリクスの傾向から将来発生しうる問題や障害を先回りして対応する
  - この段階にきて初めて、コストの削減に繋げられる
- 4. Data Driven：データ駆動
  - オブザーバビリティで得られるデータをもとに、ビジネス指標（KPI）や顧客満足度の改善、向上につなげる
    - ▷バグの修正や新機能の追加
    - ▷デプロイによる効果を正しく評価する
    - ▷ネットスコアなどの中長期的改善で顧客満足度を向上させる

常にアラートが鳴っているような状態なら、まずはしっかりアラート対応をしてサービスを安定させないと次に進めない。パフォーマンスを上げるとかコストダウンするとかはその次だね。

4ステップ目のデータ駆動まで到達できたら理想的だね！　私はまだ、1ステップ目の受動的対応だな。

今自分がどの位置にいるか、そしてどこを目指したいのか、チームで共有するといいと思うよ。

なるほど!

「3つの柱を満たしているからオブザーバビリティだ」「このツールを使っているからオブザーバビリティだ」というわけではなくて、こうして文化を作っていくことが大切なんだよ。

監視は、監視役1人の問題じゃない。サービス全体に関わってくることだもんね。

わかばちゃんも、最初に比べたらかなり成長したんじゃないかな?

たしかに。「サーバーが落ちているのを、人から言われて気付いた!」なんてこともなくなったし。計測しはじめて、アラートを整えて、プラグインを活用して……ひとつずつ実践していく中で、私の卒業制作のWebアプリもかなり安定してきたよ。

これからも、1つずつステップアップしていこうね!

CHAPTER 9のまとめ

- オブザーバビリティ(可観測性)とは
  - システム全体に障害が潜んでいるとし、システム全体がどう動いているのかを見ようとすること
    - ▷ 監視は「何が起きたか」を知る
    - ▷ オブサーバビリティは「なぜ起きたか」まで知れるようにする

- トレースとは
  - 独立したコンポーネント同士のやりとりを可視化したもの
    - ▷ マイクロサービス・アーキテクチャは、小さなアプリケーションを大量につなげて作られているため、ログとメトリクスだけではリクエストの流れを追いづらくなる。解決策として、トレースを併用するとよい

- 「オブザーバビリティの成熟度 4ステップ」で、現在地と目指すべき状態を知る
  - 0. Getting Started:計測を始める
  - 1. Reactive:受動的対応
  - 2. Proactive:積極的対応
  - 3. Predictive:予測的対応
  - 4. Data Driven:データ駆動

SECTION 44 部屋の温度を監視する
— 暑くなったらLINEに通知

A｜Mackerelであそぼう！

1
2
3
4
5
6
7
8
9

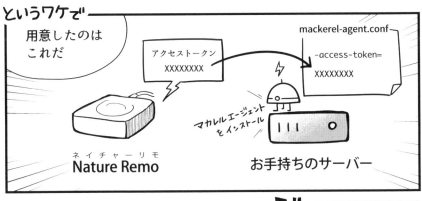

A｜Mackerelであそぼう！

温度取得のためにNature Remo（ネイチャーリモ）[1]というIoTデバイスを使うぞ。中にセンサーが入っていて、温度・湿度・明るさを測れるのだ。

▼Nature Remo

かわいい！ シンプルで部屋になじむデザインだね。Nature Remo用のスマホアプリの通りに設定を進めたら、簡単に家のWi-Fiにつなげられたよ。

OK。じゃあこれを直射日光があたらないところに設置して。

肝心のNature Remo用のプラグインは、自作する必要があるよね？

A｜Mackerelであそぼう！

[1]：Nature Remoは家電量販店やネットショップで購入できます。なお、Nature Remo miniは温度のみ取得可能です（公式サイト：https://nature.global/jp/nature-remo）。

大丈夫! はてなのエンジニアの方が作ったNature Remo用の
プラグインがあるのだ。

- papix/mackerel-plugin-nature-remo

  `URL` https://github.com/papix/mackerel-plugin-nature-remo

このプラグインは「mkr」コマンドでのインストールに対応してい
る。だから、GitHubからダウンロードしてこなくても、次のコマン
ド一発でインストールできるぞ。

```
$ mkr plugin install papix/mackerel-plugin-nature-remo
```

それはありがたい! 早速やってみよう!

Nature Remoのアクセストークンを取得する

MackerelとNature Remoをつなぐために、Nature Remoのアクセス
トークンが必要です。次のようにして取得します。

❶ 「https://home.nature.global/」にアクセスして、Nature Remoのアカウ
ントでログインします。

A｜Mackerelであそぼう！

❷新しいトークンを作りたいので「Generate access token」ボタンをクリック
します。

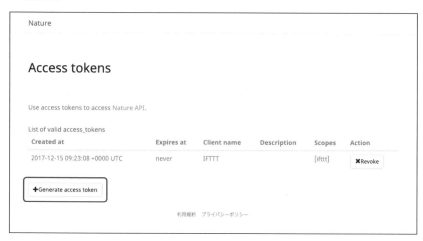

❸トークンが作られました。この英数字の羅列は、再表示できないので、今のう
ちにコピーして、人目に触れないところにメモしておきます。

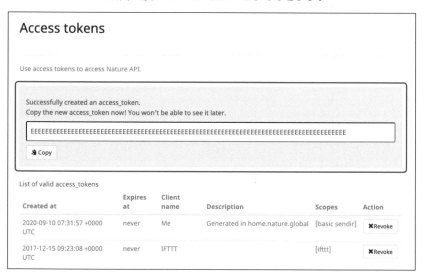

🖊Nature Remo用のプラグインをインストールする

Nature Remo用のプラグインをインストールするには、次のようにします。

❶ まずはお手持ちのサーバーにコマンドラインでログインし、mackerel-agent をインストールしましょう（この例ではAmazon Linuxを使います）。インストール用のコマンドは「スタートガイド」→「新規ホストの登録」からコピーできます（すでにmackerel-agentをインストール済みの場合は次のステップに進んでください）。

❷ Nature Remo用のプラグインは「mkr」というコマンドを使ってインストールします。次のいずれかの方法で「mkr」コマンドをインストールしましょう。

▼yumを使う場合

```
% yum install mkr
```

▼aptを使う場合

```
% apt-get install mkr
```

▼brewを使う場合

```
% brew tap mackerelio/mackerel-agent
% brew install mkr
```

「このコマンドを実行するにはrootである必要があります」という
エラー表示が出て失敗する場合は、コマンドの先頭に「sudo」と
入力すると、スーパーユーザー（rootユーザー・管理者権限）にな
り実行できるぞ。

```
$ sudo yum install mkr
```

❸ インストール容量が表示され、「Is this ok ?」（これでいいですか?）と質問さ
れます。「y」（Yesという意味）と打ち込んでエンターキーを押します。これで
「mkr」コマンドのインストールが完了しました。

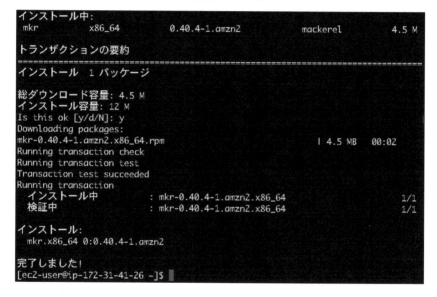

```
インストール中:
 mkr          x86_64        0.40.4-1.amzn2              mackerel          4.5 M
トランザクションの要約
================================================================================
インストール  1 パッケージ

総ダウンロード容量: 4.5 M
インストール容量: 12 M
Is this ok [y/d/N]: y
Downloading packages:
mkr-0.40.4-1.amzn2.x86_64.rpm                                  | 4.5 MB   00:02
Running transaction check
Running transaction test
Transaction test succeeded
Running transaction
  インストール中          : mkr-0.40.4-1.amzn2.x86_64                           1/1
  検証中                  : mkr-0.40.4-1.amzn2.x86_64                           1/1

インストール:
  mkr.x86_64 0:0.40.4-1.amzn2

完了しました!
[ec2-user@ip-172-31-41-26 ~]$
```

❹ 「mkr」コマンドを使うために、MackerelのAPIキーを環境変数で指定します。

```
$ export MACKEREL_APIKEY=<API key>
```

❺ 次のコマンドで、Nature Remo用のプラグインをインストールします。

```
$ sudo mkr plugin install papix/mackerel-plugin-nature-remo
```

A｜Mackerelであそぼう！

❻ 「Successfully installed」と表示されればインストール成功です。プラグインがどこにインストールされたのかも表示されています。このパスは次に使います。

```
[ec2-user@ip-172-31-41-26 ~]$ sudo mkr plugin install papix/mackerel-plugin-nature-remo
        Downloading https://github.com/papix/mackerel-plugin-nature-remo/releases/download
/v0.1.0/mackerel-plugin-nature-remo_linux_amd64.zip
        Installing /opt/mackerel-agent/plugins/bin/mackerel-plugin-nature-remo
        Successfully installed papix/mackerel-plugin-nature-remo
```

❼ mackerel-agentの設定ファイル「/etc/mackerel-agent/mackerel-agent.conf」に、プラグインを利用するための設定を追記します。「<Nature Remoのアクセストークン>」の部分は、Nature Remoの画面で取得したトークンに置き換えてください。「プラグインへのパス」の部分は、先ほど表示されたパスに置き換えてください。

```
$ sudo sh << SCRIPT
cat >>/etc/mackerel-agent/mackerel-agent.conf <<'EOF';
[plugin.metrics.NatureRemo]
command = "/プラグインへのパス/mackerel-plugin-nature-remo -access-token=
<Nature Remoのアクセストークン>"
EOF
SCRIPT
```

❽ これで設定ファイルにNature Remo用の記述が追記されたはずです。「cat」コマンドで確認してみます。

```
$ cat /etc/mackerel-agent/mackerel-agent.conf
```

▼mackerel-agent.conf

```
    ...(中略)...
    [plugin.metrics.NatureRemo]
    command = "/opt/mackerel-agent/plugins/bin/mackerel-plugin-nature-
remo -access-token=XXXXXXXXXXXXXXXX"
```

 再編集したい場合は、次のコマンドを使うとできるぞ。

```
$ sudo vi /etc/mackerel-agent/mackerel-agent.conf
```

A｜Mackerelであそぼう！

❾ 最後に、エージェントを再起動させる必要があります。先ほど更新した設定ファイルをエージェントに反映させるためです。次のコマンドでエージェントを再起動させます。

```
$ sudo systemctl restart mackerel-agent
```

❿ 数分待てば、Mackerelに反映されます。グラフボードで、各種メトリクスをわかりやすく配置してみましょう。

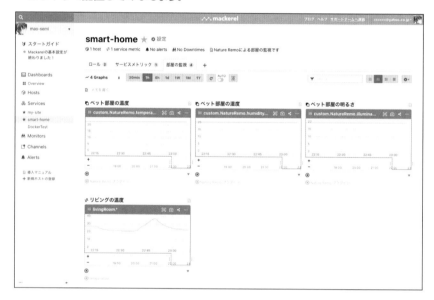

🎮 室温が高くなったらアラートを送る

室温が高くなったらアラートを送るように設定するには次のようにします。

❶ 左メニューから「Monitors」→「監視ルールを追加」ボタンをクリックします。

❷ 「サービスメトリック監視」をクリックします。

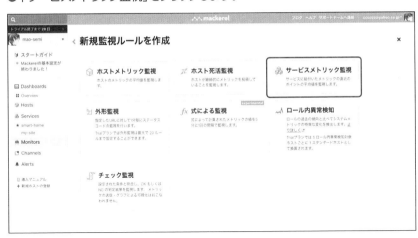

❸ 部屋の温度が何度になったらアラートを出すかを設定します。ここでは、28度でWarning、30度でCriticalが通知されるようにしました。

❹ 停電やプラグ抜け、Wi-Fiのネットワーク切れなどによってNature Remoからの通信が途絶える可能性もあるので、メトリックの投稿が途絶えて30分が経過したらWarning、1時間が経過したらCriticalとしました。最後に「作成」ボタンをクリックします。これで監視ルールが作成されました。

🎸 LINEにアラートを送る

次に、アラートがLINEに送られてくるように設定しましょう。

❶ 「Channels」をクリックし、「通知グループ/通知チャンネルを追加」をクリックします。

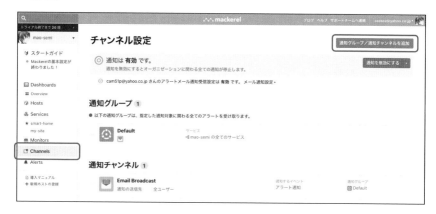

❷ 「デフォルト通知グループに追加する」のチェックボックスをONにしておくと、オーガニゼーション内のすべてのサービスに関する通知がこのチャンネルに送られます。「LINEで認証してチャンネルを作成」をクリックします。

❸ 通知したいトークルーム（グループチャット）を選びます。Mackerel通知用に新規トークルームを作りたい場合は、LINEのモバイルアプリ側でグループチャットを作ってからこのページを更新すると一覧に現れます。任意のトークルームを選択して「同意して連携する」ボタンをクリックします。

❹ 通知チャンネル一覧にLINEのトークルームが追加されました。通知するイベントはこの画面でON/OFFできます。

A｜Mackerelであそぼう！

❺ LINEには、LINE Notifyというアカウントから次のようなメッセージが来ていると思います。

❻ 任意のトークルームのメニューから「招待」を選択して、LINE Notifyをメンバーに加えましょう。

❼ では、わざと温度を上げて、アラートがちゃんとLINEに通知されるか試してみましょう。

❽ 通知が届きました！ おめでとうございます。

❾ URLからアラートの詳細を見られます。

❿ クーラーをつけたので、対応完了です。アラートを閉じました。

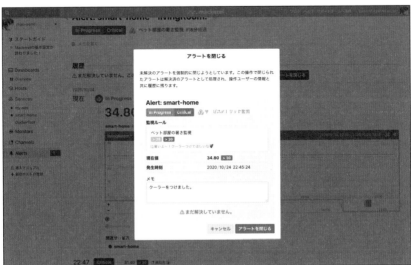

⓫ 無事、アラートがクローズされました!

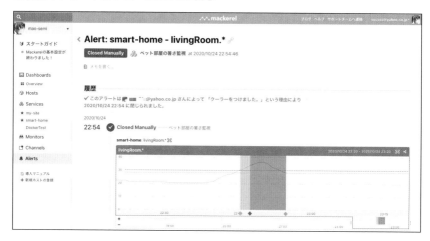

　同じように、寒くなりすぎたら通知することもできます。

　これで、なんらかのトラブルでクーラーが動かなくなっても、アラートで LINEに通知されればすぐ気付くことができて安心ですね!

　もちろん工夫次第で「サーバー室の温度を監視する」「深夜に人感センサーが反応したら通知する」など、いろいろな使い方ができますよ。

　今回はNature Remoを使いましたが、小型コンピュータRaspberry Pi（ラズベリーパイ）とMackerelを組み合わせて楽しんでいる方もいます。

　皆さんもぜひMackerelで快適な環境を作ってみてくださいね。

A｜Mackerelであそぼう!

COLUMN オフィスの二酸化炭素濃度を監視する

　わかばちゃんが解説してくれたように、IoTデバイスとMackerelを連携することで、日々の生活を少し豊かにすることができます。

　はてなの京都オフィスでは、二酸化炭素濃度を測定しています。オフィス内の二酸化炭素濃度が一定の値を超えると、アラートが発生するように監視設定を入れています。

▼二酸化炭素濃度の測定

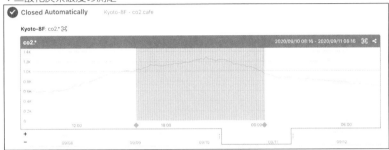

　オフィス内の二酸化炭素濃度が上がったら、どう対処すべきでしょうか。スタッフの1人がさまざまなアクションを行って丁寧に検証した結果、セミナールームとエレベーターホールの窓を開ければ最も効率よく換気ができることを発見しました。

　それを反映して、二酸化炭素濃度のアラート発生時にはこのようなSlack通知が飛ぶようになったのです。

▼Slackへの通知

　最近は在宅勤務が増えて、あまりこのアラートも見かけなくなりましたが、このようにMackerelのようなツールを使って定期的に観測・可視化することで、問題を発見し、それを解決するアクションが可能になります。

おわりに

　本書をお読みいただき、ありがとうございました。

　「監視」と聞くと「難しいんじゃないの?」「サーバーサイドの話でしょ?　私には関係ない」と思う方も多いかもしれません。そこで今回、前提知識がなくても、わかばちゃんと1つひとつ紐解いていけるような内容にしてみました。

　この本が目指したのは次の通りです。

- デザイナーやフロントエンドでも監視を身近に感じられること
- サーバーサイドエンジニアとの共通言語を作ること
- 普段の業務の中で、より良い監視を意識するための材料となること

　本書をお読みの方の中には「ウチはすでにモダンな監視を導入しているよ」というケースも「いや、実は監視そのものをしていないんだよね」というケースもあるかと思います。

　いずれにせよ、本書が監視について考えるきっかけになれば、また、先輩が後輩に「監視ってこういうものだよ」とサッと手渡せる一冊になれば嬉しいです。

　ご感想はぜひ、ハッシュタグ「#わかばちゃんと学ぶ」でツイートしてください!　泣いて喜びます。

読んでくれてありがとう!

#わかばちゃんと学ぶ

あなたの感想待ってます♪

🌱 筆者あとがき（湊川あい）

　『わかばちゃんと学ぶ』シリーズ、ありがたいことに4作目となりました。今まで「Webサイト制作」「Git」「Googleアナリティクス」と来て、今回わかばちゃんが挑戦したのはサーバー監視。私にとっては、ほぼ未知の分野だったので、いろいろと本を読んだりMackerelをさわったりして、自分なりに勉強しました。その中で感じた「なんでこうなるの?」や「なるほど!」といったポイントを、漫画と解説文にギュッと詰め込むことができたと思っています。

　監修の粕谷大輔さん（@daiksy）には、監視ツールのスペシャリストとして、アドバイスやレビューで大変お世話になりました。お忙しい中、丁寧にレビューいただきましてありがとうございました。この場を借りて心よりお礼申し上げます。

　漫画に登場するキャラクターも楽しく描けました。『わかばちゃんと学ぶGit使い方入門』でおなじみの魔王教授やエルマスさんをはじめ、『わかばちゃんと学ぶ Webサイト制作の基本』のHTMLちゃんやCSSちゃん、PHPさん、JavaScriptさんも登場しています。今後も少しずつ、わかばちゃんの世界が広がっていくとうれしいです。

🌱 監修者あとがき（粕谷大輔）

　自分たちが丹精込めて開発したシステムの運用がはじまると、まるで自分の子どもが巣立ったような気持ちになることがあります。

　監視は、社会に羽ばたいた我が子が健康に過ごしているかどうかを見守るようなものです。いろいろな手をつくし、システムの健康状態を明らかにしていく作業はシステムへの愛着をさらに深めてくれます。監視はこのようにとても楽しいものです。

　1人でも多くの人が、わかばちゃんと一緒にこの楽しい世界に入門してくださることを願っています。

🌱 漫画アシスタント

素敵な背景で、わかばちゃんたちの世界に彩りを加えてくださりました。

- ミル様(Webサイト：光彩陸離 https://kosairikuri.web.app/)
- 耳人様(Twitter：https://twitter.com/015m)
- nina様(pixiv：https://www.pixiv.net/users/5845432)

🌱 Special Thanks

第三者視点でのアドバイス、書評等でお世話になりました。ありがとうございました!

- a-know様 @a_know
- atsuco様 @atsuco_02
- 佐々木康介様 @redsasakou
- DQNEO様 @DQNEO
- bash様 @bashOC7official
- mochiko様 @mochikoAsTech
- reoring様 @reoring

🌱 参考文献

書籍

『入門 監視 — モダンなモニタリングのためのデザインパターン』
(Mike Julian著、松浦隼人訳、オライリー刊)

『Mackerel サーバー監視[実践]入門』
(井上大輔、粕谷大輔、杉山広通、田中慎司、坪内佑樹、松木雅幸著、技術評論社刊)

『Webエンジニアのための監視システム実装ガイド』
(馬場俊彰著、マイナビ出版刊)

『Mackerelで作るはじめてのWebサービス監視』(本田崇智著)

『Free e-book: Distributed Systems Observability』
〔https://www.humio.com/free-ebook-distributed-systems-observability〕

Webサイト

『Mackerel を中心とした監視設計 - Mackerel Developers Blog』
〔https://developer.hatenastaff.com/
entry/2019/06/25/103632〕

『平均値, 中央値, 最頻値の求め方といくつかの例』
〔https://mathtrain.jp/daihyochi〕

『えいのうにっき - @a-know』〔https://blog.a-know.me/〕

『mackerel-plugin-accesslog 徹底解説 / Mackerel 公式ブログ』
〔https://mackerel.io/ja/blog/entry/advent-calendar2017/
day9-mackerel-plugin-accesslog

『スライド資料「オブザーバビリティ成熟モデル」- New Relic社』
〔https://speakerdeck.com/katzchang/
obizababiriteicheng-shou-moderu〕

INDEX 索引

INDEX

■著者紹介

みなとがわ
湊川 あい

フリーランスの漫画家 / Web デザイナー / 技術書執筆。
マンガと図解で、技術をわかりやすく伝えることが好き。
豊富なイラストでWeb技術を楽しく学べる『わかばちゃんと学ぶ』シリーズが発売中
のほか、動画学習サービスSchooやプログラミングスクールPython Start Lab
にてGit入門授業の講師も担当。
マンガでわかるGit・マンガでわかるDocker・マンガでわかるRubyといった分野
横断的なコンテンツを展開している。
Twitterアカウントは@llminatoll(https://twitter.com/llminatoll)。

◆著書
『わかばちゃんと学ぶ　Webサイト制作の基本』(シーアンドアール研究所)
『わかばちゃんと学ぶ　Git使い方入門』(シーアンドアール研究所)
『わかばちゃんと学ぶ　Googleアナリティクス』(シーアンドアール研究所)
『運用☆ちゃんと学ぶ　システム運用の基本』(共著、シーアンドアール研究所)

◆Web連載
『マンガでわかるGit コマンド編』
(https://www.r-staffing.co.jp/engineer/entry/20190621_1)
(リクルート IT staffing エンジニアスタイル)
『マンガでわかるGoogleアナリティクス』
(https://kobit.in/archives/category/webmarketing/manga-googleanalytics)(KOBITブログ)
『マンガでわかるScrapbox』(https://scrapbox.io/wakaba-manga/)(Scrapbox)
『マンガでわかるLINE Clova開発』(https://techplay.jp/column/354)
(TECH PLAY Magazine)
『マンガでわかる衛星データ活用』(https://sorabatake.jp/349/)
(宇宙ビジネス情報サイト 宙畑-sorabatake-)

◆個人制作誌
『マンガでわかるDocker①〜③』(https://llminatoll.booth.pm/)
『マンガでわかるRuby ①〜②』(https://llminatoll.booth.pm/)
『マンガでわかる痩せる技術【2ヶ月半で−8kg】:実録!原始人ダイエットやってみた(Kindle配信中)』
(https://amzn.to/2EaS6Cf)
『告白に学ぶHTTPステータスコード〜エラー編〜』
(https://llminatoll.booth.pm/items/1036373)
『マンガでわかるWebデザイン設定資料集』(https://llminatoll.booth.pm/items/1036498)

※その他「湊川あいの、わかば家。(pixiv BOOTH)」(https://llminatoll.booth.pm/)でダウンロー
ド販売中

■監修者紹介

かすや だいすけ
粕谷 大輔

認定スクラムマスター /認定スクラムプロダクトオーナー。
2001年に大学卒業後、SI、ソーシャルゲーム開発を経て、2014年にはてなに入社。
アプリケーションエンジニアとして、サーバー監視サービスMackerelの開発に携わ
り、2017年1月より同チームのディレクターに就任。Mackerelの200週連続新機
能リリースを牽引した。最近では、社内のスクラムマスターを集めた「すくすく開発
会」という枠組みを立ち上げ、会社全体の開発プロセスの改善に取り組んでいる。得
意領域はプロジェクトファシリテーション。共著に『Mackerelサーバ監視[実践]入門』
(技術評論社)、『開発現場に伝えたい10のこと』(達人出版会)がある。
Twitterアカウントは@daiksy(https://twitter.com/daiksy)。

編集担当 ： 吉成明久　　カバーデザイン：秋田勘助(オフィス・エドモント)

●特典がいっぱいのWeb読者アンケートのお知らせ
　C&R研究所ではWeb読者アンケートを実施しています。アンケートに
お答えいただいた方の中から、抽選でステキなプレゼントが当たります。
詳しくは次のURLのトップページ左下のWeb読者アンケート専用バナー
をクリックし、アンケートページをご覧ください。

C&R研究所のホームページ **http://www.c-r.com/**
携帯電話からのご応募は、右のQRコードをご利用ください。

わかばちゃんと学ぶ　サーバー監視

2021年1月4日　　　　初版発行

著　者　　湊川あい
監修者　　粕谷大輔
発行者　　池田武人
発行所　　株式会社　シーアンドアール研究所
　　　　　新潟県新潟市北区西名目所 4083-6(〒950-3122)
　　　　　電話　025-259-4293　　FAX　025-258-2801
印刷所　　株式会社　ルナテック

ISBN978-4-86354-321-8　C3055
©Minatogawa Ai, Kasuya Daisuke, 2021　　　　　　　Printed in Japan